MEIO AMBIENTE & BOTÂNICA

Dados Internacionais de Catalogação na Publicação (CIP)
(Câmara Brasileira do Livro, SP, Brasil)

Esteves, Luciano M.
  Meio ambiente & botânica / Luciano M. Esteves ; coordenação José de Ávila Aguiar Coimbra. – São Paulo : Editora Senac São Paulo, 2011. – (Série Meio Ambiente; 12).

  Bibliografia.
  ISBN 978-85-396-0079-3

  1. Botânica 2. Economia ambiental 3. Educação ambiental 4. Impacto ambiental 5. Meio ambiente 6. Plantas I. Coimbra, José de Ávila Aguiar. II. Título. III. Série.

11-06727   CDD-581

Índice para catálogo sistemático:
  1. Botânica : Estudos ambientais   581

MEIO AMBIENTE & BOTÂNICA

LUCIANO M. ESTEVES

COORDENAÇÃO
JOSÉ DE ÁVILA AGUIAR COIMBRA

ADMINISTRAÇÃO REGIONAL DO SENAC NO ESTADO DE SÃO PAULO
Presidente do Conselho Regional: Abram Szajman
Diretor do Departamento Regional: Luiz Francisco de A. Salgado
Superintendente Universitário e de Desenvolvimento: Luiz Carlos Dourado

EDITORA SENAC SÃO PAULO
Conselho Editorial: Luiz Francisco de A. Salgado
 Luiz Carlos Dourado
 Darcio Sayad Maia
 Lucila Mara Sbrana Sciotti
 Jeane Passos Santana

Gerente/Publisher: Jeane Passos Santana (jpassos@sp.senac.br)

Editora Executiva: Isabel M. M. Alexandre (ialexand@sp.senac.br)
Assistente Editorial: Pedro Barros (pedro.barros@sp.senac.br)

Edição de Texto: Léia Fontes Guimarães
Preparação de Texto: Poliana Magalhães Oliveira
Revisão de Texto: Edna Viana, Luiza Elena Luchini (coord.), Milena Cavalcanti
Capa: João Baptista da Costa Aguiar
Editoração Eletrônica: Antonio Carlos De Angelis
Impressão e Acabamento: Rettec Artes Gráficas

Comercial: Rubens Gonçalves Folha (rfolha@sp.senac.br)
Administrativo: Carlos Alberto Alves (calves@sp.senac.br)

Proibida a reprodução sem autorização expressa.
Todos os direitos desta edição reservados à
Editora Senac São Paulo
Rua Rui Barbosa, 377 – 1º andar – Bela Vista – CEP 01326-010
Caixa Postal 1120 – CEP 01032-970 – São Paulo – SP
Tel. (11) 2187-4450 – Fax (11) 2187-4486
E-mail: editora@sp.senac.br
Home page: http://www.editorasenacsp.com.br

© Luciano Maurício Esteves, 2011

SUMÁRIO

Nota do editor, 9

Agradecimentos, 11

Meio ambiente e botânica, 13
    O que é uma planta, 14
    As diversas disciplinas botânicas, 20
    Meio ambiente e suas definições, 24
    A botânica nas questões ambientais, 29
    Surgimento da consciência ambiental e estudos botânicos, 32

Levantamento e ordenação de dados botânicos nos estudos ambientais, 51
    Sistemática vegetal, 52
    Identificação e classificação de plantas, 57
    Coleta de plantas, 59
    Herbários e coleções, 63
    A função dos herbários, 65

A botânica e as mudanças climáticas globais, 71
    O sequestro de carbono, 83
    Florestas, 86
    Produção agrícola, 93

Agricultura, manejo e meio ambiente, 97
    Fatores biológicos da produção agrícola e a intervenção humana, 104
    Nitrogênio e adubação sintética, 107
    Fertilizantes e manipulação genética, 111
    A Revolução Verde, 115
    Características primárias e secundárias das novas variedades, 121
    Produção agrícola e segurança alimentar, 123
    A Revolução Verde e os impactos ambientais, 125
    Biocombustíveis, 133

A Pós-Revolução Verde: as plantas geneticamente modificadas, 141
    História dos OGMs, 146
    Plantas invasoras geneticamente modificadas, 153
    Transferência horizontal de genes, 155
    As plantas Bt, 162
    Resistência a vírus e herbicidas, 164
    Alimentos transgênicos e alergias, 166
    Plantas transgênicas e a questão da biodiversidade, 168

Botânica, conservação e recuperação ambiental, 173
    Conceitos básicos, 184
    Recuperação de áreas degradadas, 190
    Biorremediação, 200
    Modalidades de fitorremediação, 206

Reconstruções climáticas e a botânica, 209
    A paleobotânica e os climas do passado, 211
    Vegetação e clima, 213

Modelo de coexistência, 215
  Análise multivariada clima-folha, 217
  Análise da margem da folha, 219
  Palinologia e reconstruções climáticas, 221
  O surgimento da paleopalinologia, 225
  Análises polínicas em sedimentos, 228
  Dendroclimatologia e dendrocronologia, 233

A botânica e a economia ambiental, 237
  Pagamento por serviços ambientais, 241
  Estabelecendo valores para os serviços ambientais, 243
  Redução certificada de emissões, 246
  Redução voluntária de gases de efeito estufa, 249
  Reposição florestal, 251
  Compensação ambiental, 254
  Isenção fiscal para RPPN, 256
  Servidão florestal, 258
  Proambiente, 259
  ICMS ecológico, 260
  Imposto de Renda ecológico, 261
  Outras possibilidades para a economia ambiental, 263

O ensino botânico e a educação ambiental, 265
  O surgimento da educação ambiental, 268
  Educação ambiental no Brasil, 272
  As plantas e a educação ambiental, 276
  Jardins botânicos, 277
  Unidades de conservação e parques estaduais, 284
  Assistência a comunidades agrícolas, 286

Considerações finais, 289

Bibliografia, 295

Sobre o autor, 303

NOTA DO EDITOR

O tema *meio ambiente*, obrigatório na discussão dos destinos do planeta, é desses que todos os dias estão nas páginas dos jornais e na voz dos noticiários de rádio e TV, dada a permanente evidência em que se mantém. Acompanhá-lo, saber de seu alcance e implicações, acrescentar argumentos na medida da importância a que faz jus é dever de todas as pessoas conscientes da sociedade em que vivem.

A Série Meio Ambiente apresenta-se como uma contribuição no sentido de tornar o tema atualizado e bem fundamentado, aproximando-o de outras áreas do conhecimento e tendo sempre em conta a intenção didática do texto e seu caráter interdisciplinar.

Neste volume, Luciano M. Esteves apresenta o papel fundamental das plantas na biodiversidade do planeta e sua valiosa contribuição como fonte de matérias-primas, alimentos e medicamentos, além de sua função na manutenção do clima, na estabilização dos solos, nas bacias hidrográficas e na recuperação de áreas degradadas.

Trata-se de mais um título da Série Meio Ambiente que o Senac São Paulo propõe para a compreensão do mundo contemporâneo.

AGRADECIMENTOS

Agradeço a Gil Felippe, pelo apoio, revisão crítica do texto e pelas valiosas sugestões.

A Isabel Alexandre, pela oportunidade de desenvolver este projeto e pela confiança depositada em mim.

MEIO AMBIENTE E BOTÂNICA

O estudo das plantas, assim como outros campos da ciência, teve início com a transmissão oral de conhecimentos. Esses conhecimentos foram usados para identificar aquelas plantas que eram comestíveis, medicinais ou venenosas, o que resultou no desenvolvimento da agricultura, com o consequente agrupamento dos seres humanos em comunidades. Isso faz da botânica uma das mais antigas ciências aplicadas pela humanidade. Desde os primórdios da civilização até os dias atuais, o conhecimento botânico abrange aproximadamente 350 mil espécies vegetais, estudadas sob os mais diversos aspectos.

Em um senso estrito, a botânica é o estudo científico da vida das plantas e, sendo um ramo da biologia, é também conhecida como biologia vegetal. Historicamente, porém, a botânica abrange o estudo não somente de musgos, samambaias, coníferas e plantas floridas, mas também de vários organismos semelhantes às plantas, que não pertencem, contudo, ao reino vegetal e também não são animais. Desde a metade do século XX, surgiram diferentes sistemas de classificação que excluem bactérias, fungos, algumas algas e líquenes (simbiose de um organismo formado por um fungo e uma alga ou cianobactéria) do reino vegetal e os colocam em reinos próprios e distintos, mas pode-se dizer que todos os objetos de estudo da botânica foram um dia tradicionalmente considerados plantas. A maioria dos cursos de botânica geral e a maioria dos laboratórios de pesquisa em botânica em faculdades e universidades ainda pesquisam e ensinam sobre esses grupos.

O QUE É UMA PLANTA

Se a botânica é a ciência que estuda plantas, como é possível definir o que é uma planta? Como saber que determinado organismo não é um animal?

Os organismos celulares são agrupados em três domínios: Eukariota (plantas, animais e fungos), Archaea (arqueobactérias) e Eubacteria (bactérias). Os Eukariota, ou eucariontes, se distinguem dos Archaea e Eubacteria por muitas características, mas a mais importante é o fato de as células dos eucariontes apresentarem um grau maior de organização estrutural e de complexidade. Em Archaea e Eubacteria geralmente falta organização interna das estruturas, com algumas exceções, como nas cianobactérias. De modo geral, organismos dos reinos Archaea e Eubacteria mostram uma enorme diversidade em suas capacidades metabólicas, mas são bastante limitados morfologicamente e na diversidade comportamental. Já os eucariontes têm metabolismos bastante semelhantes, mas sofreram uma enorme diversificação evolutiva na morfologia e no comportamento.

A maioria dos eucariontes que interagem com o ser humano diariamente são plantas e animais terrestres, macroscópicos, geralmente compostos de trilhões de células individuais. Mesmo sem saber o que significa a palavra *eucarionte*, a maioria das pessoas está familiarizada com esses organismos, pois o termo abrange grande parte das formas conhecidas de vida. A grande quantidade de plantas e animais que o homem pode observar com seus sentidos sugere uma grande diversidade, mas a verdadeira diversidade de eucariontes é muito maior do que se poderia imaginar se não existissem estudos científicos. Uma imensa variedade de formas de vida eucariontes é microscópica e somente pode ser estudada e explorada com equipamentos potentes e técnicas como a microscopia eletrônica e a biologia molecular.

A diversidade de caracteres morfológicos em eucariontes é imensa, consequência de adaptações diversas para problemas biológicos básicos, tais como nutrição, defesa, proteção e reprodução. Várias linhagens unicelulares atingiram alto grau de complexidade morfológica, por exemplo, os microrganismos ciliados. Outros, como as leveduras, tornaram-se extremamente simplificados. Alguns eucariontes multicelulares – como as baleias, as sequoias ou os elefantes – atingiram o tamanho máximo possível do corpo físico geral, enquanto outros – como os nematoides –, embora multicelulares, são menores que os organismos unicelulares com os quais convivem.

Independentemente de diferenças significativas no tamanho do organismo e de suas peculiaridades morfológicas e fisiológicas, eucariontes compartilham muitas características em comum, não importa se for analisado um cão, um musgo, uma pulga, uma palmeira ou um ser humano. Células de organismos eucariontes são geralmente muito maiores e muito mais compartimentadas, com uma grande variedade de membranas e estruturas internas chamadas organelas, responsáveis pela realização de funções específicas dentro da célula. Um esqueleto celular desempenha um papel importante na definição da organização e forma da célula, e o material genético permanece isolado no núcleo, separado do restante da célula por uma membrana dupla, a carioteca.

Se os eucariontes têm tantas características em comum, apesar de incluírem plantas e animais, o que então caracteriza uma planta e, consequentemente, o objeto de estudo da botânica?

Inicialmente, a diversidade dos seres vivos foi categorizada como pertencente exclusivamente a dois reinos: o dos animais (*animal*) e o dos vegetais (*planta*). Até o final do século XIX, esses eram os únicos dois reinos em que os seres vivos podiam ser agrupados, e cada novo grupo era classificado ou como animal ou como planta. Assim, foi classificada como planta uma grande variedade de organismos, atualmente localizados em outros domínios, por apresentarem uma única característica que os diferenciava dos animais, o fato de não ingerir alimentos. Quando se encontrava um organismo com características duvidosas, era chamado *animal* quando apresentava a capacidade de englobar e ingerir alimento, e *planta* se fosse capaz de produzir seu próprio alimento. Assim, foram chamados de *plantas* as cianobactérias, os fungos e diversas algas.

Esses grupos podem ainda ser vistos dentro do reino Plantae em alguns sistemas de classificação, como o de Adolf Engler (1844-1930), cuja primeira edição data de 1892. Embora hoje o reino Plantae tenha uma definição mais precisa, todos esses grupos continuam por tradição sendo estudados no campo da botânica.

No século XX, começaram a surgir novos dados. Os estudos de fósseis vegetais associados à evolução das técnicas e equipamentos científicos mostravam que nem todos os autótrofos tinham ancestrais comuns, porque surgiram e desapareceram várias vezes e em momentos diversos da história do planeta. Tornava-se necessário alterar o número de reinos para agrupar os organismos que já não eram tão semelhantes entre si de acordo com a nova visão. Assim, rapidamente foi aceita a divisão em cinco reinos.

Dos tradicionais reinos Animalia e Plantae foram retiradas todas as formas de vida não eucariontes, incluindo as cianobactérias; os fungos, que incluem todos os organismos vulgarmente conhecidos como cogumelos; e o grupo dos protistas, que inclui todos os eucariontes unicelulares. Assim, os primeiros grupos a serem retirados do reino Plantae foram cianobactérias e fungos, que foram transferidos para outros reinos, e alguns organismos fotossintetizantes unicelulares, que foram colocados no reino Protista. Em razão das dificuldades em estudar os protistas e da falta de testes genéticos que dessem ideia de suas possíveis relações, o Protista foi criado como um agrupamento artificial no qual foram colocados os organismos dos quais não se conheciam as relações, e acreditava-se que não possuíam um ancestral comum.

Portanto, o grupo de organismos hoje conhecido como *plantas verdes e algas* passou a constituir o reino Plantae, tornando-se muito mais fácil caracterizá-lo. Pertencem ao reino Plantae todos os organismos multicelulares eucariontes que obtêm energia da luz solar para seu crescimento e desenvolvimento por meio do processo de fotossíntese graças às clorofilas *a* e *b*, presentes em organelas com uma membrana dupla, denominadas cloroplastos. Esses organismos têm a capacidade

BROMÉLIA (*Aechmea gamosepala*).
Fonte: *Flora brasiliensis*, vol. III, parte III, fasc. 112, prancha 67, 1892.

de estocar os seus produtos fotossintéticos na forma de amido, além de possuir celulose nas paredes das células. Isso não impede que alguns deles tenham evoluído obtendo energia de outras fontes além da fotossíntese, atuando como saprófitas, hemiparasitas ou parasitas.

A botânica pôde então ser definida como um amplo espectro de disciplinas científicas que estudam plantas terrestres e aquáticas, algas e, por tradição, os fungos e os líquenes. Essas disciplinas tratam da classificação dos diferentes grupos e suas relações evolutivas, sua estrutura, crescimento, reprodução, desenvolvimento e metabolismo.

AS DIVERSAS DISCIPLINAS BOTÂNICAS

As plantas podem ser estudadas sob diversos pontos de vista. Assim, é possível diferenciar as linhas de pesquisa de acordo com os níveis de organização que são analisados, das moléculas e células isoladas ao modo como se organizam em tecidos e órgãos de indivíduos, populações e comunidades vegetais, ou ainda do ponto de vista bioquímico, molecular ou genético.

Em geral, todas as pesquisas são baseadas na análise comparativa dos fenômenos particulares e da sua variabilidade para se chegar a uma generalização e ao reconhecimento das relações regulares que ligam esses fenômenos. São usados os métodos estático e dinâmico: um de interpretação e reconhecimento das estruturas e formas; outro de análise dos processos vitais, funções e fenômenos de desenvolvimento. O objetivo final de ambos os métodos deve ser, em qualquer caso, a compreensão das formas e funções na sua interdependência e na sua evolução.

Os diferentes pontos de vista e a utilização de diferentes métodos levaram a botânica a desenvolver muitas disciplinas. Em primeiro lugar, pode-se citar a *morfologia*, que em sentido amplo é a teoria geral da estrutura e forma das plantas, e inclui a citologia, a histologia e a anatomia. A citologia trata do estudo das células quanto à sua estrutura, suas funções e sua importância no organismo, e a histologia analisa os tecidos vegetais. Ambas são necessárias, juntas, para entender a anatomia das plantas, ou seja, sua estrutura interna.

Ao lidar com os processos de adaptação, a morfologia está relacionada à ecologia, uma disciplina que investiga as relações entre a planta e o seu ambiente. Essas relações são baseadas em estudos da *fisiologia vegetal*, que trata das funções metabólicas das plantas, das mudanças morfológicas durante o crescimento e o desenvolvimento da planta, e dos movimentos que a planta apresenta em resposta a estímulos externos como luz, temperatura e gravidade. Botânicos fisiologistas pesquisam também sobre como as plantas convertem compostos químicos simples nas mais complexas substâncias. A fitoquímica ocupa-se das substâncias produzidas e contidas nas plantas.

A reprodução de plantas, como suas características são herdadas e as alterações que ocorrem através das gerações compõem o campo de estudo da *genética*. Fisiologistas e geneticistas estudam também o modo como a informação genética no DNA controla a síntese de proteínas específicas e, consequentemente, como codifica e executa as informações responsáveis pelo metabolismo e desenvolvimento das plantas.

A botânica *sistemática* analisa as semelhanças entre os diversos tipos de plantas e estabelece suas relações através do processo evolutivo. Utiliza dados de todas as disciplinas já mencionadas, além da palinologia (o estudo dos grãos de pólen e esporos), da embriologia (cujo domínio é o estudo da geração sexual e dos embriões) e da fitogeografia (estudo do *habitat* das plantas e de suas relações com o ambiente terrestre). A taxonomia, parte da sistemática, lida com a descrição, classificação e gestão de espécies de plantas existentes.

São estudados também processos botânicos que ocorrem em uma escala de tempo que varia de frações de segundo, em células individuais, a eras no tempo evolutivo, em comunidades vegetais inteiras. Partilhada pela botânica e pela paleontologia, a *paleobotânica* acrescenta uma nova dimensão ao estudo botânico: o tempo. É uma disciplina que estuda os restos de plantas que viveram no passado. Ela também utiliza as informações obtidas de restos vegetais para a reconstrução de ambientes antigos e da história de vida – inclui o estudo dos fósseis de plantas terrestres e algas. Essa disciplina permite deduzir o clima de épocas passadas, sua evolução e influência sobre outros organismos.

Finalmente, há dentro da botânica estudos dedicados a grupos específicos de organismos, como a *microbiologia* (que estuda os microrganismos em geral, incluindo muitos que são considerados organismos vegetais), a *micologia* (que estuda os fungos), a *ficologia* (dedicada às algas), a *liquenologia* (o estudo dos líquenes), a *briologia* (estudo dos musgos e das hepáticas) e a *pteridologia* (o estudo das samambaias).

Como resultado da pesquisa botânica, há aumento e melhoria no fornecimento de medicamentos, alimentos, fibras, matérias-primas e outros produtos vegetais, conhecimentos estes organizados numa disciplina genericamente chamada de *botânica econômica*. Profissionais da área da saúde dependem de conhecimentos botânicos para resolver problemas relacionados à poluição ambiental. Há várias disciplinas aplicadas que estudam o valor prático das plantas aos seres humanos e, portanto, estabelecem ligação com a agricultura, a silvicultura, a farmácia, entre outras. Como exemplos dessas disciplinas podem ser mencionados: o melhoramento de plantas (estudo de variabilidade genética e seleção de plantas), a fitopatologia (que trata de doenças de plantas e métodos de controle destas) e a botânica farmacêutica (estudo de plantas medicinais e seus princípios ativos). Os botânicos também são fundamentais para gerir parques, florestas, reservas e áreas de proteção ambiental.

Um conhecimento tão amplo como o compreendido pela botânica certamente contém ferramentas importantes para a interação do homem com o meio ambiente.

MEIO AMBIENTE E SUAS DEFINIÇÕES

Mas o que seria o *meio ambiente*? Nos dias atuais, a expressão *meio ambiente* é utilizada à exaustão pela mídia, por políticos, ambientalistas e, consequentemente, pelo cidadão comum e leigo nas suas discussões triviais. Frequentemente, o meio ambiente é confundido com a natureza em seu estado selvagem.

Existem, porém, diferentes modos de definir o que é meio ambiente, do ponto de vista acadêmico e legal. A concepção mais recente considera o meio ambiente um sistema no qual interagem fatores de ordem física, biológica e socioeconômica. Academicamente, o meio ambiente é definido de diferentes modos por diferentes autores. Entre muitas opções, é possível defini-lo assim:

> as condições, influências ou forças que envolvem, influem ou modificam o complexo de fatores climáticos, edáficos e bióticos que atuam sobre um organismo vivo ou uma comunidade ecológica e acabam por determinar sua forma e sua sobrevivência.[1]

---

[1] Disponível em http://www.merriam-webster.com/dictionary/environment?show=0&t=1302645441. Acesso em 1º-12-2010.

ou assim:

> O conjunto, em um dado momento, dos agentes físicos, químicos, biológicos e dos fatores sociais susceptíveis de terem um efeito direto ou indireto, imediato ou a termo, sobre os seres vivos e as atividades humanas. (Poutrel e Wasserman, 1977)

No Brasil, a Lei Federal nº 6.938, de 1981, define legalmente o meio ambiente de modo muito mais simples, como "o conjunto de condições, leis, influências e interações de ordem física, química e biológica, que permite, abriga e rege a vida em todas as suas formas".

É interessante notar que as definições de meio ambiente, conforme foram evoluindo, retiraram o homem de uma condição central e passaram a tratá-lo como mais uma variável interagindo com os outros componentes do meio ambiente.

O conceito de ambiente natural, muitas vezes designado apenas pela palavra *ambiente*, tem evoluído nos últimos séculos e décadas. Essa palavra também pode ter significados diferentes. No seu sentido primário, designa tudo o que nos rodeia. Sua utilização no sentido de designar tudo o que pertence à natureza e possuir interações com as atividades humanas é mais recente, e passou a ser utilizada na segunda metade do século XX. Atualmente, o conceito de *ambiente* inclui o estudo dos ambientes naturais, os impactos humanos sobre o ambiente e as medidas tomadas para reduzi-los.

A palavra *ambiente* tem um significado diferente da palavra *natureza*. Na natureza, todos os elementos – sejam eles bióticos ou abióticos – são considerados isoladamente, enquanto o ambiente, como conceito de interesse ambiental na natureza, reflete as interações entre o homem e essa natureza. É importante também diferenciar *ambiente* da palavra *ecologia*, que é a ciência que trata do estudo científico da distribuição e abundância dos seres vivos e das interações que determinam a sua distribuição; essas interações podem ser entre seres vivos e/ou com o meio ambiente.

A história do meio ambiente tem como finalidade estudar retrospectivamente o estado do ambiente em diferentes épocas e suas interações com as atividades humanas. Algumas interpretações animistas ou religiosas, como o budismo, cultivavam certo respeito pela vida, pelos recursos naturais e paisagens. Esse respeito foi motivado principalmente por crenças religiosas, e não por um desejo genuíno de proteger as áreas naturais.

Antes do século XIX, a consciência da existência de um ambiente era vaga e tomava diferentes formas de acordo com a época, as regiões e as culturas humanas. Nesse século, o romantismo passou a destacar a beleza das paisagens selvagens, em oposição à paisagem e à miséria dos trabalhadores das indústrias. Ao exaltar as belezas da natureza, os românticos estavam cientes de que a propriedade era algo muito valioso e que deveria ser preservado. É por esse interesse na paisagem que as sociedades humanas começaram a valorizar o meio ambiente.

No século XX, chegou-se à maturidade da Revolução Industrial e à promoção do crescimento econômico por meio da indústria pesada e do consumo elevado de recursos naturais. Cada vez mais, as pessoas passaram a se conscientizar da escassez de certos recursos. Os primeiros desastres ecológicos e industriais tiveram o efeito colateral de educar o público e incentivar a formulação de políticas para proteger os ecossistemas.

A percepção do meio ambiente aumentou significativamente com a melhor divulgação do conhecimento científico e compreensão dos fenômenos naturais. A descoberta e a exploração de novos ambientes, como o Ártico, a Antártida e o fundo do mar, puseram em evidência a fragilidade de alguns ecossistemas e o modo como as atividades humanas os afetavam. Ao mesmo tempo, o conhecimento retrospectivo da história do planeta e das espécies evoluiu com a paleoecologia e a atualização dos conhecimentos científicos sobre catástrofes ambientais que eliminaram espécies vegetais e animais ao longo de milhões de anos. Essas ciências, no passado, demonstraram os fortes laços que ligam a sobrevivência das espécies aos ambientes e climas em que vivem.

Muitas ferramentas científicas e técnicas também contribuíram para a melhor compreensão do ambiente e, consequentemente, para a sua percepção. As principais incluem observação, análise e síntese, fotografias aéreas e de satélite, e, mais recentemente, a modelagem em perspectiva.

As novas ferramentas tecnológicas serviram, num primeiro momento, para ampliar o conhecimento sobre novos recursos ambientais a serem explorados.

Da compreensão passou-se à exploração, que rapidamente levou à quase completa devastação do meio ambiente em decorrência das atividades humanas. Da deterioração surgiu a necessidade da preservação.

Preservar o meio ambiente é hoje um dos três pilares do desenvolvimento sustentável – desenvolvimento econômico, desenvolvimento social e proteção ambiental – e é a meta nº 7 do documento que estabeleceu no ano 2000 as oito metas de desenvolvimento do milênio (MDM), durante a Reunião de Cúpula do Milênio das Nações Unidas, em 2000. No século XXI, a proteção do ambiente tornou-se uma questão importante, bem como a noção de que a deterioração ambiental causada pelas atividades humanas afeta o ambiente não apenas localmente, mas em âmbito global. A inclusão de decisões ambientais e práticas ambientais, porém, difere muito de um país para outro. Nos países em desenvolvimento, onde as preocupações do público são muito diferentes daquelas dos países desenvolvidos, a proteção do ambiente é uma questão muito mais marginal na sociedade.

A BOTÂNICA NAS QUESTÕES AMBIENTAIS

Qualquer que seja a definição de meio ambiente, até mesmo para um cidadão absolutamente desprovido de qualquer conhecimento formal, é evidente que ela incluirá as plantas. É provável também que quase todos saibam que a destruição de comunidades vegetais causa desequilíbrios que acabam por afetar a tudo e a todos – clima, solo, água, animais e humanos. O que a maioria das pessoas não sabe é como a botânica contribui para a compreensão e a manutenção do meio ambiente.

Por exemplo, o estudo e o manejo de *habitats* em processo de destruição ou de espécies em via de extinção dependem de um inventário de plantas que é constantemente expandido e atualizado pela sistemática e pela taxonomia. A análise do pólen e dos esporos depositados pelas plantas há centenas ou milhares de anos ajuda os cientistas a reconstruir comunidades vegetais e climas do passado por meio da palinologia, um ramo da pesquisa botânica fundamental nos estudos sobre mudanças climáticas, conhecimento que aponta as probabilidades de alterações futuras. Várias espécies de plantas funcionam como bioindicadores de alterações ambientais, atuando no monitoramento do buraco de ozônio através das respostas ao aumento da radiação ultravioleta, ou reagindo ao aumento da concentração de determinados poluentes.

A botânica é uma ferramenta fundamental para a compreensão de alterações ambientais, considerando que as plantas formam o maior componente dos ecossistemas – toda a vida na Terra depende de plantas como uma fonte de energia e oxigênio, e sua sobrevivência é essencial para manter a saúde dos ecossistemas.

Nem todos os seres vivos têm capacidade de produzir compostos orgânicos a partir de carbono não orgânico. Somente os chamados autótrofos (produtores) utilizam a luz solar como energia para a síntese de compostos orgânicos. Todas as plantas são autótrofas. Os outros organismos, em sua maioria, incluindo milhões de espécies de animais, fungos e bactérias, são denominados heterótrofos (consumidores), totalmente dependentes das plantas para sua sobrevivência.

As cadeias alimentares são compostas de diferentes espécies de produtores e consumidores, sendo uns o alimento dos outros. A destruição de apenas um dos elos dessa cadeia pode causar o desaparecimento total do elo seguinte e a superpopulação dos organismos que fazem parte do elo anterior. As plantas são os produtores primários dessa cadeia alimentar. Isso significa que são elas que sintetizam e estocam compostos de alta energia, como os carboidratos, a partir da energia proveniente do sol. É o processo da fotossíntese, que, para ser realizado, depende também da água. As plantas sintetizam ainda compostos estruturais como os aminoácidos e diversos outros componentes essenciais para o metabolismo dos organismos heterotróficos, que direta ou indiretamente delas se alimentam. Além disso, as plantas fixam o dióxido de carbono (CO_2) da atmosfera e liberam oxigênio molecular.

Um animal, ao ingerir compostos orgânicos obtidos direta ou indiretamente dos vegetais verdes, adquire sua reserva de energia disponível, que fica acumulada no seu corpo sob a forma de açúcares ou principalmente de gordura. Para utilizar essa energia, o organismo animal realiza uma reação contrária, transformando novamente esses compostos em gás carbônico. A transformação de um composto rico em energia em outro composto pobre em energia levará à restituição da energia acumulada, utilizando oxigênio, num processo chamado de respiração celular.

Como produtores primários, as plantas são os principais componentes de muitas comunidades e ecossistemas. Sem elas, a maioria das espécies de animais não existiria. O planeta não seria o mesmo se não houvesse o processo de fotossíntese.

A atmosfera da Terra, inicialmente deficiente em oxigênio, foi alterada de maneira gradual durante bilhões de anos pelo processo de fotossíntese, que, como afirmado anteriormente, é responsável pela fixação do dióxido de carbono e liberação do oxigênio molecular. Isso criou duas condições para que as formas de vida sejam como elas são. Primeiro, uma atmosfera rica em oxigênio permitiu a criação de uma camada superior, a camada de ozônio, que protegeu a vida de radiação ultravioleta (UV) em excesso. Isso permitiu aos organismos habitar nichos mais expostos, anteriormente inacessíveis. Segundo, com esse oxigênio acumulado na atmosfera, houve uma pressão seletiva para o surgimento do processo de respiração bioquímica nas mitocôndrias, dependente desse oxigênio para a produção de energia. Essa pressão provavelmente direcionou a evolução da maioria dos organismos multicelulares, incluindo aqui todos os animais, para a forma como são conhecidos hoje.

Como o consumo de oxigênio na respiração é equivalente ao oxigênio produzido na fotossíntese, do mesmo modo que ocorre inversamente com o gás carbônico, essas substâncias se equilibram no ambiente atmosférico. A equivalência das atividades de síntese e de decomposição é responsável, também, pela manutenção do equilíbrio entre esses gases na Terra.

Assim, a vida no planeta basicamente depende da existência da luz, da clorofila e da água. Algumas bactérias sintetizam compostos orgânicos empregando a energia resultante de outras reações químicas diferentes da fotossíntese, mas são poucas e raras.

SURGIMENTO DA CONSCIÊNCIA AMBIENTAL E ESTUDOS BOTÂNICOS

A história da botânica é extraordinariamente complexa e interdependente dos progressos científicos e sociais. Alguns acontecimentos sociais, políticos, culturais, artísticos e até mesmo religiosos foram obstáculos para o progresso ou conduziram a ele. A escravidão nas sociedades antigas constituiu um entrave ao desenvolvimento da ciência, pois levou a uma separação entre o mundo intelectual e o manual, e manteve os pensadores afastados da natureza. O isolamento em pequenas aldeias fazia com que a floresta ao redor fosse vista como uma barreira, um inimigo, algo que infundia o terror e marcava os limites até onde era prudente avançar. A introdução do ideal cristão da Idade Média foi também um obstáculo à ciência, porque ele se opôs a qualquer objetividade, experimentação e desenvolvimento do raciocínio.

No sentido oposto, a invenção da imprensa tornou o livro financeiramente mais acessível do que os manuscritos, e foi um fator que encorajou a criação de uma ciência botânica. Em pouco tempo, os livros estavam sendo publicados com xilogravuras, em conjunto com o texto impresso. Assim, os botânicos passaram a ter outra ferramenta, a capacidade de mostrar o que eles tinham tão cuidadosamente observado.

O primeiro naturalista a fazer uso desse recurso foi um botânico, Otto Brunfels (1488-1534), cujos três volumes do *Herbarum Vivae Eicones* [Imagens vivas de plantas] foram publicados em Estrasburgo, França, entre 1530 e 1540. O trabalho pioneiro de Brunfels logo foi aprimorado por outro botânico alemão, Leonhard Fuchs (1501-1566), cuja *Historia Stirpium* [História das plantas] foi publicada na Basileia,

Suíça, em 1542, introduzindo um novo patamar de precisão na representação e na descrição das plantas.

O surgimento do realismo na Renascença incentivou a observação minuciosa dos seres vivos. É surpreendente a riqueza dos detalhes da vegetação na obra *A primavera*, de Sandro Botticelli (1445-1510), que vão muito além de emoldurar as figuras centrais de Vênus e Eros – eles são dignos de qualquer ilustrador botânico.

O surgimento da Reforma Religiosa no século XVI também trouxe consequências importantes para o modo de entender o mundo e, consequentemente, para o estudo botânico. Ao defender a existência de uma relação direta entre o indivíduo e Deus, o protestantismo deu ao mais humilde indivíduo a importância que ele nunca tivera, pensamento que aos poucos foi aplicado a todos os seres viventes. Na botânica isso significou um novo interesse em plantas simples e comuns, que receberam um nome científico e passaram a ser estudadas e mencionadas nos tratados. Até aquele momento, somente as plantas úteis aos seres humanos – medicinais, aromáticas e alimentares – eram nomeadas e estudadas.

As rotas para o Oriente, a colonização do continente americano e a expansão colonial também tiveram importância na história da botânica. Os relatos de exploradores e naturalistas que percorreram quase todo o planeta a partir do século XV são fundamentais na história ambiental. Os exploradores de um novo território ansiavam por encontrar recursos naturais valiosos, mas os viajantes naturalistas tinham mais interesse nos aspectos naturais do que nas riquezas imediatas disponíveis. Assim, identificavam novas espécies vegetais independentemente de sua utilidade econômica, não se esquecendo de relatar dados importantes sobre a comunidade vegetal em que estavam inseridas. Descreviam também como eram utilizadas pelos habitantes nativos. Ao longo do século XVIII e início do XIX, as grandes potências marítimas como Espanha, Inglaterra e Portugal lançaram expedições exploratórias para desenvolver o comércio marítimo com outros países e para descobrir e catalogar novos recursos naturais.

Algumas publicações contribuíram para o desenvolvimento dos estudos botânicos, como o *Discurso do método*, de René Descartes (1596-1650), sobre a interpretação mecanicista dos organismos, ou ainda a *Óptica*, de Isaac Newton (1643-1727), que não apenas acenou a importância da luz no funcionamento dos organismos vegetais, mas também conduziu ao avanço dos equipamentos para a observação científica.

Até mesmo o modo de pensar sobre o tempo mudou com o desenvolvimento das ciências naturalistas, pois até o século XIX os intérpretes do Velho Testamento afirmavam que o mundo tinha pouco mais de 6 mil anos, sem possibilidade de questionamentos. Com o crescente interesse em fósseis e as teorias de Darwin, porém, a história natural exigia noção de tempo muito maior, na escala dos milhões de anos, relacionando a geologia à vida animal e vegetal.

Assim, ao se analisar a história da botânica, é necessário levar em consideração a estreita relação entre as características da sociedade da época e os progressos da ciência botânica, colocando-se cada indivíduo no contexto daquele determinado local e daquela época em que ocorreram os fatos.

Em muitos pontos da história é possível identificar rupturas que ocorreram de forma mais ou menos abrupta. Na botânica, os dogmas antigos têm sido muitas vezes substituídos por uma nova teoria, em consequência de uma demonstração decisiva e irrefutável. É o caso, por exemplo, do reconhecimento da sexualidade de plantas, aceita por todos os naturalistas somente no final do século XIX, após a demonstração decisiva sobre a fusão de células espermáticas e uma célula do saco embrionário – isso após três séculos de conflito pontuado por discussões acaloradas.

Outras teorias têm sido elaboradas pelo acúmulo linear de conhecimentos e de resultados experimentais, conduzindo a uma nova teoria ou reforçando uma já existente. Isso se aplica, por exemplo, ao progresso da citologia no início do século XX, que, na ausência de novos meios técnicos e microscópios com melhor resolução, apenas reforçou a teoria celular que já estava definida na segunda metade do século XIX.

O conceito da hereditariedade pode ser atribuído ao monge Gregor Mendel (1822-1884), que publicou em 1865 seu trabalho sobre o mecanismo da hereditariedade em ervilhas, mas seu valor não foi imediatamente reconhecido. No início do século XX, a redescoberta do trabalho de Mendel levou ao rápido desenvolvimento da genética de Thomas Hunt Morgan (1866-1945) e Irving Fisher (1867-1947). Isso resultou na combinação das escolas mendeliana e das análises biométricas, o que levou à moderna teoria da evolução, criando uma ponte entre geneticistas experimentais e naturalistas.

Novas disciplinas desenvolveram-se rapidamente, em especial depois que James Watson (1928-) e Francis Crick (1916-2004) propuseram a estrutura do DNA em 1953. Após o estabelecimento do Dogma Central – redigido em 1958 por Francis Crick e que relacionava o DNA, o RNA e as proteínas – e a quebra do código genético, a botânica foi dividida entre disciplinas que lidam com organismos inteiros e grupos de organismos, e disciplinas relacionadas à biologia celular e molecular. No final do século XX, os avanços no campo da biologia molecular, desvendando o modo como as informações codificadas no genoma são expressas por meio da síntese de proteínas, inverteram essa tendência. Os botânicos da vertente clássica incorporaram técnicas de biologia molecular e celular para compreender e classificar os organismos, e botânicos envolvidos em estudos moleculares passaram a investigar a genética de populações naturais de organismos e a interação entre os genes e o ambiente.

É possível dizer que até o final do século XVI, as plantas eram um assunto de filosofia, de matéria médica ou de alimentação. A única exceção são os tratados de Teofrasto de Eresos

(372-287 a.C.), *Historia Plantarum* [História das plantas], em dez livros, e *De Causis Plantarum* [Sobre as causas das plantas], em oito livros (ao redor de 320 a.C.). Esses tratados constituem a mais importante contribuição à ciência botânica de toda a Antiguidade até o Renascimento.

No espaço de três séculos, entre 1530 e 1850, a botânica tornou-se uma ciência regida por leis específicas e metodologia. Naturalmente, os primeiros trabalhos focaram em especial na sistemática, pois havia uma urgência em classificar e nomear as plantas de modo racional e reconhecido por todos os estudiosos em botânica. Só após essa ordem inicial é que a botânica pôde expandir-se gradualmente, dando lugar aos tratados de anatomia e morfologia, e aos estudos sobre como as plantas funcionam, na origem da fisiologia.

No século XVI surgiram os trabalhos de Leonhard Fuchs (1501-1566), Hieronymus Bock (1498-1554), irmãos Gaspard Bauhin (1560-1624), Jean Bauhin (1541-1613), Andreas Caesalpinus (1519-1603) e vários outros. Pouco a pouco, ao lado dos avanços na anatomia e na fisiologia da planta, foram acrescentadas contribuições de Giuseppe degli Aromatari (1587-1660), Robert Boyle (1627-1691), Robert Hooke (1635-1703) e Adriaan van den Spiegel (1578-1625), e a criação de diversos sistemas de classificação, tais como o de John Parkinson (1567-1650), Joachim Jung (1587-1657) e outros – os mais notáveis são os de John Ray (1627-1705),

Augustus Quirinus Rivinus (1652-1723) e Joseph Pitton de Tournefort (1656-1708).

John Ray foi um naturalista inglês, considerado o pai da história natural inglesa. Em 1685, na obra *History of Plants*, propôs pela primeira vez o conceito de espécie:

> nenhum critério mais seguro para a determinação de espécies ocorreu-me que as características distintivas que se perpetuam na propagação de sementes. Assim, não importa quais variações ocorrem em indivíduos ou espécies, se elas nascem a partir das sementes de uma e da mesma planta, aquelas são variações acidentais e não servem para distinguir uma espécie. (Raven, 1950)

Rivinus foi o primeiro a rejeitar a divisão das plantas em árvores e gramíneas, e considerava os diversos órgãos de plantas para classificá-las e agrupá-las em classes naturais. Assim, por exemplo, o modo de nervação das folhas fazia a distinção de monocotiledôneas e dicotiledôneas.

No final do século XVII, Tournefort conseguiu distinguir com precisão gêneros, espécies e variedades, com base principalmente na morfologia da corola, dando ordem ao caos criado por seus predecessores. Herman Boerhaave (1668-1738) combinou os sistemas de Ray e Tournefort, e incorporou características morfológicas – folhas, flores e frutos – e ecológicas, mas nenhum desses avanços foi considerado pelos seus contemporâneos. Os trabalhos de Tournefort também foram utilizados como modelo para Carl von Linné, conhecido também como Lineu (1707-1778), que em 1733 se convenceu de que os estames e pistilos das flores seriam as bases para a classificação das plantas. O seu sistema de classificação tem origem em Casper Bauhin, mas Lineu deu-lhe uma base teórica, criando o moderno sistema de reinos, classes, gêneros e espécies – sistema adotado que permaneceu em uso em todas as escolas da botânica posteriores.

Bernard de Jussieu (1699-1777) criou o sistema pelo qual as plantas são agrupadas por suas afinidades naturais, porém nunca o publicou. Suas ideias foram desenvolvidas e propagadas pelo seu sobrinho, Antoine Laurent de Jussieu (1748-1836), com a publicação da obra *Genera Plantarum Secundum Ordines Naturales Disposita* em 1789, na qual são descritas aproximadamente 20 mil espécies. Esse sistema foi modificado e aperfeiçoado por vários botânicos. Augustin Pyrame de Candolle (1778-1841), em seu *Prodromus Systematis Naturalis Regni Vegetabilis* fez uma síntese das descrições de todas as plantas com sementes conhecidas na época (trabalho iniciado em 1818 e concluído em 1876), à qual foram adicionadas muitas novas espécies. O *Prodromus* foi organizado com base no método natural da classificação botânica, no qual primeiro são descritas as plantas cuja organização é considerada a mais completa e, em seguida, aquelas com uma estrutura mais simples.

Paralelamente aos estudos sistemáticos e taxonômicos, houve grandes avanços em estudos experimentais com plantas. Johannes van Helmont (1579-1644) mediu a absorção de água em árvores durante a década de 40 do século XVII. Em 1727, o pesquisador inglês Stephen Hales (1677-1761) estabeleceu as bases da fisiologia vegetal como ciência ao publicar suas experiências sobre a nutrição e a respiração das plantas em um trabalho intitulado *Vegetable Statics*, desenvolvendo técnicas para medir a área, o volume, a massa, a pressão, a densidade e a temperatura em plantas. No final do século XVIII, Joseph Priestley (1733-1804) estabeleceu as bases para as análises químicas do metabolismo das plantas.

Durante o século XIX, grandes avanços foram feitos no estudo de doenças vegetais, por causa da praga da batata, que acabou com a cultura desse vegetal na Irlanda em 1840 e levou a uma migração em massa de irlandeses para as Américas. O estudo das doenças desenvolveu-se rapidamente após esse evento. Ao mesmo tempo e após o reconhecimento da teoria celular, os estudos de tecidos e células deram origem à histologia e à citologia das plantas, além de permitirem estabelecer os princípios do crescimento por divisão celular e da reprodução pela união dos gametas.

Durante o século XIX, tomaram impulso duas novas áreas da botânica: a fitogeografia e a paleobotânica. A fitogeografia é definida como um ramo da biogeografia – que, por sua vez, incorpora elementos de biologia, geologia e geografia

– que estuda o *habitat* de plantas na superfície da Terra e trata da relação entre a vida das plantas e o ambiente terrestre. Essa ciência tem duas vertentes:

1) estudar a estrutura e a biologia da cobertura vegetal;
2) estudar as espécies que compõem a comunidade vegetal que caracteriza determinado tipo de vegetação ou território.

Friedrich Heinrich de Humboldt (1769-1859), pioneiro nesses estudos, é considerado o *pai da fitossociologia* – foi um dos primeiros a reconhecer gradientes ecológicos e a fundamentar as leis que regem as relações entre espécies de uma área.

A paleobotânica é o ramo da paleontologia que lida com a recuperação e identificação de restos vegetais oriundos de contextos geológicos, reconstruindo ambientes passados e a história evolutiva das plantas. Kaspar Maria von Sternberg (1761-1838) foi o primeiro a estabelecer uma relação entre plantas fósseis e determinados ambientes e sedimentos. Ele mostrou semelhanças morfológicas entre plantas fósseis e plantas existentes no mesmo ambiente, dando origem a disciplinas especializadas como a palinologia (estudo de pólen e esporos) e estudos de macrofósseis. Além de ser um pioneiro, seu trabalho foi fundamental para uma mudança da visão religiosa sobre como seria a vida pré-diluviana, precedendo Darwin.

Por volta de 1850, com o lançamento do livro de Charles Darwin (1809-1882), *A origem das espécies*, ocorreu uma ruptura. Quatro de suas contribuições para a biologia evolutiva são especialmente importantes. A primeira é a moderna concepção da própria evolução. A segunda é a noção de origem comum de todas as espécies de seres vivos. Darwin também notou que a evolução deveria ser gradual e sem descontinuidades. Finalmente, ele argumentou que o mecanismo da evolução foi a seleção natural. Sua teoria conduziu ao desenvolvimento de um revolucionário sistema de classificação no qual as plantas são distribuídas de acordo com suas relações, a sua filogenia. É o nascimento da sistemática filogenética.

A fitossociologia, a paleobotânica e as teorias darwinistas acrescentaram dimensões ao estudo botânico; as plantas passaram a ser pensadas não somente como indivíduos isolados, mas inseridas em coordenadas espaciais e temporais.

Esses avanços, associados à botânica tradicional, tornaram os naturalistas sensíveis à relação das plantas com o ambiente, abrindo caminho para que a ecologia começasse a se desenvolver como ciência no final do século XIX e início do século XX. Ernst Haeckel (1834-1919) utilizou o termo ecologia (*oekologie*) em 1867, quando conheceu Charles Darwin, a quem muito admirava. O termo, porém, só se tornou popular na década de 70 do século XX, em ambientes especializados.

Ecologia é um ramo multidisciplinar da biologia que estuda as interações dos seres vivos com o ambiente, as quais incluem fatores abióticos, mas também as relações estabelecidas com outros seres vivos. São as interações de organismos com outros organismos e com o ambiente físico que determinam a distribuição e abundância desses organismos, bem como o transporte e a transformação de energia e matéria na biosfera. Enquanto outros ramos lidam com menores níveis de organização (bioquímica e biologia molecular por meio de biologia celular, histologia, fisiologia e sistemática), a ecologia lida com populações, comunidades, ecossistemas e a biosfera. A ecologia vegetal trata dos diferentes níveis de organização da planta e como são influenciados por fatores abióticos, como clima e solos, e por fatores como a herbivoria e a disputa por espaço.

No final do século XIX, os governos começaram a sensibilizar-se com a necessidade de criar áreas e parques de proteção ambiental. Naquela época, as paisagens é que orientavam as escolhas dos locais a serem protegidos, e não os ecossistemas. Em junho de 1864, os Estados Unidos criaram a primeira área protegida no Vale do Yosemite, em decreto assinado pelo então presidente Abraham Lincoln. Em 1872, o Parque Nacional de Yellowstone tornou-se o primeiro parque nacional em todo o mundo.

Em 1896, Svante August Arrhenius (1859-1927) desenvolveu o embrião da teoria ambientalista ao estudar o efeito do aumento da quantidade de dióxido de carbono (CO_2) na atmosfera. Foi o primeiro cientista a especular que as mudanças nos níveis de dióxido de carbono na atmosfera poderiam alterar substancialmente a temperatura da superfície por meio do efeito estufa – termo utilizado por ele. Calculou a absorção de radiação infravermelha pelo CO_2 atmosférico e vapor-d'água, e lançou a hipótese que correlacionava as flutuações ao longo das eras geológicas com as variações de temperatura correspondentes.

O caminho para a compreensão das relações entre as plantas e o meio ambiente já estava aberto no início do século XX, porém somente muito mais tarde essa compreensão foi sedimentada. Depois das privações da Grande Depressão e da Segunda Guerra Mundial, o mundo desenvolvido entrou em processo de aceleração do crescimento e da população, um período chamado de *idade de ouro do capitalismo*. No final dos anos 50 e início dos anos 60 do século XX, o mundo ocidental vivia uma euforia de tecnologia e de crescimento industrial. Inovações tecnológicas, produtos químicos sintéticos, energia nuclear e o aumento da utilização dos combustíveis fósseis continuaram a transformar a sociedade. Os plásticos passaram a fazer parte de praticamente todos os objetos e embalagens. Em 1957, o primeiro satélite artificial foi lançado por um foguete da antiga União Soviética, feito repetido pelos Estados Unidos no ano seguinte. Em 1959, surgiu a segunda geração de computadores com transistores e na década de 60 do século XX, o raio *laser*. Foram criações que pareciam saídas de livros de ficção científica e aparentemente não havia limites para o que a civilização poderia criar sobre a Terra. Atingiu-se um período de industrialização e consumo que crescia como se as matérias-primas fossem ilimitadas e como se o planeta pudesse suportar para sempre as agressões acumuladas. Olhava-se para o progresso, o bem-estar e a qualidade de vida, sem questionamentos sobre as consequências ambientais.

Nesse cenário surge o livro *Primavera silenciosa*, escrito por Rachel Carson (1907-1964) e publicado em setembro de 1962. O livro é a pedra fundamental do movimento ambientalista. Quando foi publicado, Carson era uma escritora bem conhecida na área da história natural, mas nunca havia feito uma crítica social. O livro foi amplamente lido e divulgado entre leigos, sendo até mesmo eleito o livro do mês pelo clube do livro americano. O livro documentou os efeitos deletérios dos pesticidas no ambiente e inspirou ampla preocupação pública com os efeitos do diclorodifeniltricloroetano (DDT) e da poluição do meio ambiente. Também acusou a indústria química de disseminar desinformação e de se aceitarem as argumentações dessa indústria de maneira pouco crítica. Foi um alerta para a humanidade, que não tinha consciência da evolução do planeta submetido a uma sociedade de consumo que não se preocupava com a origem e o destino dos produtos que consumia.

Esta talvez tenha sido a primeira tomada de consciência sobre a questão ambiental para o cidadão comum, leigo e não cientista. Outros fatos, porém, ocorreram no mesmo período. São emblemáticas as primeiras fotos do planeta obtidas por astronautas e satélite, amplamente divulgadas na década de 60 do século XX, mostrando a Terra como um pequeno ponto isolado no espaço, finito, como uma nave espacial vagando com recursos limitados. Essas imagens, talvez mais do que tudo o que já havia sido escrito e falado, trouxeram a todos, e de modo bastante concreto, a consciência de que os recursos naturais são limitados, que um desastre ecológico global é possível, e que uma deterioração gradual do planeta afetaria a tudo e a todos.

É neste momento dos anos 60 do século passado que há uma enorme expansão dos estudos sobre as interações entre as plantas e o meio ambiente, tais como ecologia vegetal, comunidades vegetais, fitossociologia, fitogeografia e os conceitos de conservação. É também o momento em que se impuseram os conceitos de conservação na atuação dos governos, quer por meio das ações de regulamentação do uso do ambiente natural e das suas espécies, quer por meio de várias organizações ambientalistas que promovem a disseminação do conhecimento sobre essas interações entre o homem e a biosfera.

A ecologia tornou-se uma peça central da política do mundo. Em 1971, a Organização das Nações Unidas para a

Educação, Ciência e Cultura (United Nations Educational, Scientific and Cultural Organization – Unesco) lançou um programa de investigação denominado Homem e Biosfera, com o objetivo de aumentar o conhecimento sobre a relação recíproca entre homem e natureza. Alguns anos mais tarde, definiu o conceito de reserva da biosfera. Em 1972, a Organização das Nações Unidas (ONU) realizou a I Conferência das Nações Unidas sobre Meio Ambiente Humano, em Estocolmo, na Suécia. Essa conferência foi a origem da frase "pensar globalmente, agir localmente". Nos anos 80 do século XX foram desenvolvidos e aprimorados os conceitos de biosfera e da expressão *diversidade biológica*, agora mais comumente conhecida pelo termo *biodiversidade*. O conceito de *biosfera* e os riscos associados à redução da biodiversidade foram reconhecidos pelas principais organizações internacionais, durante a Cúpula da Terra, realizada no Rio de Janeiro em 1992.

Então, em 1997, os perigos que a biosfera enfrentava foram reconhecidos a partir de um ponto de vista internacional na conferência de líderes do Protocolo de Quioto, Japão. Em particular, essa conferência destacou os perigos crescentes do efeito estufa – relacionados ao aumento da concentração de gases de efeito estufa na atmosfera, levando a mudanças no clima global. Em Quioto, a maioria das nações do mundo reconheceu a importância de olhar para a ecologia do ponto de vista global, em escala mundial, e levar em conta o impacto dos seres humanos sobre o ambiente da Terra.

Os séculos XIX e XX foram particularmente férteis em pesquisas botânicas, o que levou à criação de muitas disciplinas, mas, na segunda metade do século XX e neste começo do século XXI, vive-se a ascensão da biologia molecular. A manipulação de plantas para estabelecer suas afinidades ou obter características desejadas é feita rotineiramente com a aplicação de métodos moleculares. Devido à ampla aplicabilidade desses métodos, eles estão rapidamente se tornando um dos aspectos tecnológicos básicos e rotineiros da sociedade. Abordagens moleculares desempenham um papel crescente na resolução dos problemas ambientais, e seu sucesso dependerá de uma boa compreensão dos princípios biológicos que partem dos níveis moleculares para chegar-se à compreensão de um ecossistema. O futuro dirá se esse é o caminho correto.

LEVANTAMENTO E ORDENAÇÃO DE DADOS BOTÂNICOS NOS ESTUDOS AMBIENTAIS

Nas últimas décadas, o mundo conscientizou-se de algumas perdas irreparáveis causadas pela destruição dos ecossistemas. Talvez a maior delas seja a perda da diversidade biológica, a extinção de espécies que jamais serão conhecidas.

Coletar, estudar, identificar e se responsabilizar pela guarda e manutenção do acervo biológico que existe e existiu no planeta é uma das funções dos botânicos e dos herbários que criaram e mantêm – foi neles que nasceu a pesquisa científica. Plantas são indicadoras da história da vida na Terra, conhecidas por meio do estudo da modificação de seus caracteres ao longo do tempo. Somente de posse desses conhecimentos e aproveitando a experiência de alguns padrões ocorridos no passado – descobertos a partir do estudo de várias formas de vida –, pode-se pensar em um ambiente equilibrado e com mais qualidade de vida. Pesquisas dessa natureza são utilizadas nas definições de estratégias e prioridades de conservação de áreas naturais, controle ambiental e elaboração de planos de manejo.

SISTEMÁTICA VEGETAL

A sistemática vegetal, ou apenas sistemática, fornece os nomes científicos das plantas, descreve-as, preserva coleções de plantas vivas (casas de vegetação, estufas) e não vivas (herbários e museus), fornece as classificações para estas, elabora chaves para sua identificação, compila dados sobre sua distribuição, investiga a sua história evolutiva e analisa as suas adaptações ambientais. Este é um campo com uma longa história que nos últimos anos experimentou um renascimento notável, principalmente no que diz respeito ao conteúdo teórico. É de grande importância para compreender os problemas de conservação, pois é uma das ferramentas para entender a biodiversidade da Terra e pode ser usada para ajudar na alocação de recursos, preservando e protegendo as espécies ameaçadas de extinção. As pesquisas são utilizadas nas definições de estratégias e prioridades de conservação de áreas naturais, no controle ambiental e na elaboração de planos de manejo.

O termo *sistemática* é por vezes utilizado como sinônimo de *taxonomia* e pode ser confundido com *classificação científica* – taxonomia é apenas uma parte da sistemática. A taxonomia ocupa-se mais especificamente da identificação, descrição e nomeação dos organismos. A sistemática está focada em colocar os organismos no âmbito de grupos hierárquicos que mostram sua relação com outros organismos. O objeto desses estudos são organismos vivos ou fósseis. A sistemática é fundamental para a biologia, porque é a base para todos os estudos de organismos, mostrando como eles são relacionados com outros seres vivos (relações ancestral-descendente). A sistemática usa a taxonomia como uma ferramenta para a compreensão dos organismos, pois as relações entre estes não podem ser compreendidas sem que eles sejam primeiro devidamente estudados e descritos em detalhes suficientes que permitam correlacioná-los.

Classificações científicas são necessárias na elaboração e na divulgação de informações a outros cientistas e leigos. O sistemata, cientista especializado em sistemática, deve, portanto, ser alguém capacitado para utilizar os sistemas de classificação existentes.

A taxonomia vegetal, que é o mais antigo ramo do estudo das plantas, começou na Antiguidade, mas foi Carl von Linné ou Lineu (1707-1778) quem fez mais para esse campo do que qualquer outra pessoa na história. Milhares de nomes de plantas em uso atualmente são aqueles originalmente registrados em seu livro *Species Plantarum*, publicado em 1753. De modo tradicional, a classificação de plantas e de animais seguiu critérios diferenciados, hoje fixos no Código Internacional de Nomenclatura Botânica e no Código Internacional de Nomenclatura Zoológica, respectivamente, refletindo a história das comunidades científicas associadas. Outras áreas, como a micologia (que segue a norma botânica), a bacteriologia e a virologia, seguiram caminhos intermediários, adaptando muitos dos procedimentos usados nas áreas consideradas mais próximas.

Embora nunca mais seja possível identificar espécies que não foram descritas antes de se extinguirem, estima-se que há ainda milhares de plantas e fungos que não foram descritos ou mesmo descobertos. Taxonomistas vegetais se unem ao redor do mundo para identificar e descrever novos organismos antes que eles ou o seu *habitat* natural desapareçam, pois muitos deles podem ser úteis como alimentos, medicamentos ou apresentar alguma utilidade potencial antes nem mesmo vislumbrada.

A sistemática é vista por muitos como uma ciência com um fim em si mesma, identificando características morfológicas e reprodutivas em plantas com o propósito de nomeá-las. Todavia, a sistemática vai muito além disso, e é cada vez mais utilizada em estudos evolutivos. Por meio da biologia comparada é possível estabelecer relações filogenéticas entre as plantas e desenvolver sistemas de classificação cada vez mais precisos.

A sistemática é essencialmente uma ciência comparativa. Os sistematas procuram semelhanças entre organismos, as quais não sejam superficiais e sejam critérios confiáveis do ponto de vista taxonômico. É fundamental para a sistemática chegar à origem das diferenças ou semelhanças e determinar até que ponto uma característica existente em diferentes organismos reflete a existência de um ancestral comum. Ou, então, se é simplesmente uma característica comum que apareceu nesses organismos devido à pressão ambiental semelhante e à seleção natural, num processo de convergência adaptativa. A mesma dúvida é válida para a análise de diferenças, se estas são resultantes de histórias evolutivas distintas ou adaptações de organismos de uma mesma origem a ambientes com diferentes pressões seletivas.

A maioria dos taxonomistas utilizou as abordagens tradicionais de taxonomia de Lineu e, posteriormente, a taxonomia evolutiva para organizar formas de vida. Desde que Charles Darwin (1809-1882) estabeleceu os princípios fundamentais da teoria da evolução, um dos principais objetivos das ciências biológicas foi a determinação das relações entre os organismos vivos. A sistemática trata especificamente das relações no decorrer do tempo e pode ser sinônimo de filogenia, ao lidar amplamente com a hierarquia inferida dos organismos.

Filogenia refere-se à história evolutiva ou às relações ancestrais entre determinado grupo de organismos, relações que estão entre os principais objetivos da sistemática. A cladística (ou sistemática filogenética) é o ramo da sistemática preocupado em inferir a filogenia, estabelecendo as relações evolutivas de um grupo de organismos vivos ou extintos, e determinando suas relações ancestrais. Essa filogenia de organismos, visualizada como um padrão de ramificação, pode ser determinada por uma análise das características de organismos vivos ou fósseis, utilizando os princípios e a metodologia filogenética.

O termo *clado* foi introduzido em 1958 por Julian Huxley (1887-1975), e *cladística* em 1960 por Arthur James Cain (1921-1999) e Geoffrey Ainsworth Harrison (1927-). Clado é um grupo de táxons (taxa em grego) – grupo de um ou mais organismos, os quais o taxonomista julga ter alguma unidade, algo em comum – composto de um táxon ancestral e todos os seus táxons descendentes. Até a década de 1980, a abordagem cladística era relativamente pouco usada pelos sistematas. Contudo, na década de 1990, rapidamente se tornou o método dominante de classificação na biologia evolutiva, quando também técnicas moleculares para a construção desses cladogramas passaram a ser utilizadas.

Isso se deve em parte à disseminação do uso de computadores, que permitem o processamento de um grande número de dados sobre os organismos e suas características. Simultaneamente, foi possível a aplicação de métodos de análise cladística com base nas características genéticas, bioquímicas e moleculares dos organismos, associados à análise dos caracteres anatômicos.

A cladística, sistemática baseada nas relações de ancestralidade e descendência das plantas, representa essas relações em gráficos denominados cladogramas – para a construção desses diagramas hipotéticos deve ser levada em consideração pelo menos uma característica monofilética. Em cladística, entende-se como característica monofilética aquela que, de acordo com o conhecimento mais recente sobre as suas características anatômicas e genéticas, inclui todas as espécies derivadas de uma única espécie ancestral, incluindo esse mesmo ancestral.

IDENTIFICAÇÃO E CLASSIFICAÇÃO DE PLANTAS

Os dois principais objetivos da taxonomia vegetal são a identificação e a classificação das plantas. A distinção entre esses dois objetivos é importante e muitas vezes esquecida.

A identificação é a determinação da identidade de uma planta desconhecida por comparação com espécimes semelhantes previamente coletados, com o auxílio de literatura científica e manuais de identificação. O processo de identificação conecta o modelo com o nome publicado. Depois que um espécime vegetal é identificado, seu nome e suas propriedades passam a ser conhecidos.

A classificação é a inserção de plantas conhecidas em grupos ou categorias que têm alguma relação entre si. A classificação científica segue um sistema de regras que normatiza os resultados e os coloca em grupos de categorias sucessivas em uma hierarquia. A nomenclatura binária, como a própria expressão define, é um sistema de dois nomes para designar cada espécie, que devem ser grafados em itálico ou sublinhados, seguidos da abreviação do nome do botânico que fez o diagnóstico da espécie. O primeiro nome designa o gênero e deve iniciar com letra maiúscula; o segundo termo é o que define a espécie e deve ser grafado com letra minúscula. Por exemplo, a couve, cujo nome científico é *Brassica oleracea*, é classificada da seguinte forma:

- Domínio: Eukaryota
- Reino: Plantae
- Clado: Angiospermae
- Clado: Eudicotyledonae
- Clado: Rosidae
- Ordem: Brassicales
- Família: Brassicaceae
- Gênero: *Brassica*
- Espécie: *Brassica oleracea* L.

A classificação de plantas resulta em um sistema organizado para a nomeação e catalogação de espécimes no futuro e, idealmente, reflete as ideias científicas sobre as inter-relações das plantas.

COLETA DE PLANTAS

As plantas são coletadas para identificação e para a preservação de um registro permanente do local onde ocorreu a coleta. Duplicatas de plantas utilizadas para fins de investigação, como a investigação bioquímica e as coleções de germoplasma, também devem ser preservadas em herbários como exemplares de referência para fornecer um registro essencial contra erros de identificação. A identificação deverá ser utilizada para corrigir quaisquer resultados nas futuras revisões taxonômicas. Deve ser ainda um meio de verificar identidades, quando são observados resultados conflitantes. São inúmeros os casos em que uma pesquisa potencialmente valiosa, para a qual com frequência foram investidos muitos recursos, foi invalidada porque a pesquisa taxonômica posterior colocou dúvidas na identificação do material utilizado que infelizmente não foi conservado, pois a ausência de um espécime de referência torna impossível uma nova determinação. A existência e a localização dos espécimes de referência deverão sempre ser mencionadas na publicação original.

Para os botânicos há duas fases de coleta de plantas: a primeira é chamada de levantamento (ou *checklist*) de uma área, e a maioria das coleções é dessa natureza; a segunda é a coleta de material a granel a partir de diferentes localidades para a análise comparativa.

Uma condição prévia para a identificação correta é que os espécimes coletados para um herbário sejam bem preparados. Isso geralmente significa material em floração ou material em frutificação (ou ambos) – o estado vegetativo raramente é um meio confiável de identificação. Em alguns grupos, como as samambaias, é importante que se coletem os rizomas para a sua identificação. Fotografias geralmente não são aceitáveis para fins de identificação, porque elas raramente mostram os detalhes necessários, porém são extremamente valiosas para ilustrar *habitat*, hábito, cor, entre outras características. Um exame de espécimes de herbário coletados em determinada região poderá dar indicações preciosas sobre os meses em que a floração e a frutificação ocorrem. É importante anotar a cor das flores no momento da coleta, pois a secagem pode alterar esse detalhe.

O método de coleta utilizado dependerá em grande parte das condições climáticas da região. Plantas prensadas entre folhas de papel poroso, como jornal, secam rapidamente ao sol em regiões áridas e semiáridas, mas nos trópicos úmidos é necessário que a prensagem seja feita com papelão corrugado, com secagem sob lâmpadas ou em estufas apropriadas, e com trocas diárias do papel, se a secagem mais sofisticada não puder ser realizada. Sempre que possível, os espécimes devem ser secos o mais rápido possível a fim de preservar a cor e impedir o crescimento de fungos. A secagem excessiva torna as amostras frágeis, e deve-se aplicar pressão apenas suficiente para garantir que os espécimes permaneçam esticados, mas não esmagados.

É essencial que todas as amostras sejam devidamente rotuladas contendo os seguintes dados:

- nome do coletor e número sequencial da coleta;
- nome botânico, se conhecido;
- nome vernacular e/ou em dialeto, se conhecido;
- localidade da coleta, ou seja, país, cidade, cidade mais próxima ou vila e, se possível, as coordenadas por GPS;
- altitude, em metros, de preferência no local de coleta;
- *habitat*, incluindo aspecto, tipo de terreno, solo e comunidade ecológica;
- observações botânicas, incluindo hábito, se árvore – anual, bienal ou perene – ou arbusto, altura, ramificação do tronco, cor da flor, número de flores;
- observações ambientais, como os insetos que atuam como polinizadores;
- data da coleta – dia, mês e ano;
- uma lista das amostras adicionais coletadas, por exemplo, amostra de madeira, fruto, semente, material ao vivo.

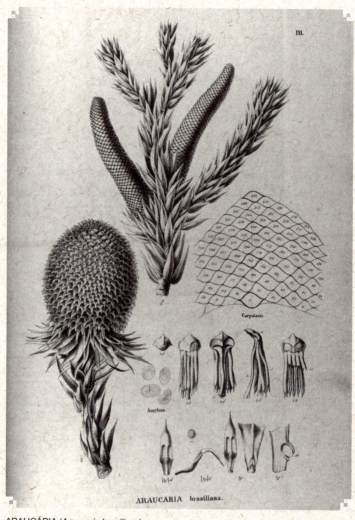

ARAUCÁRIA (*Araucaria brasiliana*).
Fonte: *Flora brasiliensis*, vol. IV, parte I, fasc. 34, prancha 111, 1863.

HERBÁRIOS E COLEÇÕES

Desde a Antiguidade, botânicos interessados no estudo de plantas medicinais, chamadas de *ervas*, mantinham coleções representativas dessas plantas, preparadas e conservadas para fins de referência. Durante a Idade Média, a palavra *herbário* se referia aos livros que relacionavam as plantas medicinais. A informação contida nesses livros foi inicialmente ordenada pelo nome da planta, uma lista de sinônimos, uma descrição das suas características, sua distribuição geográfica e *habitat*, a citação dos primeiros autores que citaram a planta, suas propriedades curativas, o modo de coleta, uma lista de medicamentos que podiam ser preparados com ela, doenças curáveis e, finalmente, a principal contraindicação. No processo de copiar os textos originais, as traduções realizadas por árabes, judeus e bizantinos também foram incluindo numerosos erros nas cópias. Antes da invenção da impressa, os textos eram ilustrados com figuras coloridas para torná-los mais claros. No entanto, sucessivos copistas, durante mais de mil anos, foram gradualmente realizando distorções, de modo que as ilustrações, em vez de ajuda, acabaram sendo um obstáculo para a clareza e precisão das descrições.

No Renascimento, com a grande quantidade de plantas novas trazidas pelos exploradores do Novo Mundo e cultivadas em jardins, houve uma necessidade premente de organizar as informações novas, além daquelas distorcidas nos séculos anteriores. Com a invenção da imprensa, acabaram-se os erros dos copistas, e as técnicas de xilogravura permitiram que as ilustrações botânicas descrevessem o material observado com mais precisão. Paralelamente, houve a necessidade de criar locais onde o material botânico pudesse ser preservado para ser estudado ou revisado posteriormente (ou então ser revisado por outros interessados). Nascia assim a ideia do herbário como um local de depósito de material vegetal para estudo. Nos séculos XVI e XVII, as coleções particulares eram voltadas principalmente para as plantas medicinais, mas depois começaram a se estabelecer em locais especificamente criados para conter milhares de cópias. A palavra latina para descrever essas coleções foi criada por Lineu, no século XVIII, e, graças ao botânico francês Joseph Pitton de Tournefort (1656-1708), é usada em um sentido mais amplo para descrever qualquer coleção de espécimes vegetais de preservação permanente para estudo.

Considera-se que o primeiro herbário do mundo foi preparado na Itália em 1551 por Luca Ghini (1490-1556), formado em medicina na Universidade de Bolonha, onde em 1539 foi nomeado professor da cátedra de botânica. Mudou-se para Pisa, ficando à frente do Jardim Botânico de Pisa, o mais antigo do mundo, do qual foi diretor até 1554. Foi Ghini quem tornou a botânica uma ciência autônoma, independente da medicina. Mas a botânica lhe deve muito mais – ele inventou um novo método de secar e conservar espécimes de plantas, dando início aos herbários. Seu método de armazenagem, muito semelhante ao usado até os dias atuais, consistia na secagem das plantas pela pressão entre folhas de papel, permitindo a preservação de amostras para um estudo mais aprofundado. Sua técnica, mais tarde, espalhou-se para o restante da Europa e adquiriu grande importância durante os séculos XVII e XVIII, quando os europeus realizavam explorações de novas terras, a fim de coletar o maior número possível de novas espécies. Como resultado das expedições botânicas foram descobertas quantidades enormes de espécies novas, aumentando a necessidade de estocagem desse material para estudo posterior. Foram criados herbários institucionais importantes e jardins botânicos associados à gestão desses recursos vegetais das colônias. Hoje, existem milhões de plantas herborizadas, um grande arquivo e um imenso tesouro para a pesquisa botânica.

Outros tipos de documentos podem estar associados às coleções herborizadas, como fotografias, cadernetas de campo, diários, cartas, manuscritos, ilustrações botânicas, amostras de madeira e lâminas com tecidos vegetais, grãos de pólen ou esporos.

A FUNÇÃO DOS HERBÁRIOS

A principal função de um herbário é armazenar indefinidamente o material vegetal preservado, de preferência de forma sistemática, para futura identificação e investigação em pesquisas botânicas, especialmente as taxonômicas e florísticas, aquelas que estudam a distribuição de espécies de plantas e a suas relações em diversas áreas geográficas.

Para todos os estudos botânicos é fundamental que se conheça o material a ser pesquisado, e que este seja documentado. As coleções de um herbário são as mais importantes ferramentas para o conhecimento sistemático e o entendimento das relações evolutivas e fitogeográficas da flora de uma região para o desenvolvimento de pesquisas, dissertações, teses e monografias sobre os mais variados aspectos da botânica, além de serem eficientes instrumentos de treinamento para estudantes e técnicos.

Sistemática, ecologia, evolução, agricultura, farmacologia, morfologia, anatomia, fisiologia vegetal, etnobotânica, biogeografia, paleobotânica, palinologia, conservação dos recursos naturais, enfim, todas essas disciplinas dependem da correta identificação e registro das plantas que compõem o objeto de seus estudos. São também essenciais para o estudo da distribuição geográfica e para a estabilização da nomenclatura. Assim, os herbários constituem ferramentas de extrema importância porque fornecem material comparativo para identificar ou confirmar a identidade de uma espécie, ou para determinar se ela é nova para a ciência, ou seja, se não havia sido descrita anteriormente.

Herbários também preservam um registro histórico da mudança da vegetação ao longo do tempo. Em alguns casos, determinada planta pode estar completamente extinta, ou extinta em apenas uma área. Nesses casos, os espécimes preservados em um herbário podem representar o único registro da distribuição original da planta. Cientistas ambientais fazem uso desses dados para monitorar as mudanças climáticas e o impacto humano.

Os botânicos usam os herbários para preservar espécimes *voucher* – espécimes de referência – como amostras representativas de plantas utilizadas em um estudo particular para demonstrar precisamente a fonte de seus dados. Podem também ser um repositório de sementes e esporos viáveis de espécies raras. É desejável a inclusão de um espécime que contenha o máximo possível de partes de uma planta (flores, caules, folhas, sementes, frutos, rizomas para samambaias) para bem representá-la. Eventualmente, fisiologistas podem verificar se as sementes contidas em frutos ou os esporos liberados por folhas de samambaias, em material herborizado, são viáveis e têm potencial de germinação, embora este não seja o objetivo principal de uma coleção de herbário. A maioria das sementes e esporos perde a capacidade de germinar após alguns meses ou em poucos anos.

Espécimes alojados em herbários podem ser usados para catalogar e identificar a flora de uma região. Uma grande coleção de determinada área é a documentação da biodiversidade vegetal que lá existe ou existiu em determinado momento, fornecendo dados valiosos que servem de argumento na indicação de áreas a serem preservadas. Além da importância para a taxonomia, mais recentemente os herbários passaram a ser reconhecidos como instrumentos essenciais para pesquisas genéticas e agronômicas, nas quais os espécimes preservados documentam a variabilidade amostrada.

Além da função básica de preservar as amostras da biodiversidade vegetal de determinada região e época, os herbários têm um papel na formação acadêmica e não acadêmica, por meio de exposições, publicações, cursos, palestras, material de divulgação e visitas guiadas.

Atualmente há 3.382 herbários em 168 países, e aproximadamente 10 mil curadores e especialistas em biodiversidade associados a eles. Durante os últimos cinco séculos, os cientistas documentaram plantas e fungos, depositando os espécimes de referência nas coleções de herbários. Coletivamente, os herbários do mundo contêm cerca de 350 milhões de exemplares que documentam a vegetação do planeta nos últimos quatro séculos. Cada um desses herbários possui uma abreviatura padrão contendo de uma a seis letras, fornecida pelo *Index Herbariorum*.

O *Index Herbariorum* (IH) é o guia que auxilia no acesso a esses recursos cruciais para a ciência e a conservação da biodiversidade. Atualmente editado por The New York Botanical Garden, fornece a localização física dos herbários, o endereço na web, o seu conteúdo (por exemplo, número e tipo de peças), o histórico, as informações de contato e as áreas de especialização dos pesquisadores associados. Somente as coleções permanentes que são repositórios científicos estão incluídas no IH. Novos inscritos devem demonstrar que sua coleção é grande, com no mínimo 5 mil espécimes, acessíveis aos cientistas e gerenciados ativamente.

A BOTÂNICA E AS MUDANÇAS CLIMÁTICAS GLOBAIS

A Revolução Industrial mudou as relações entre o homem e a natureza – a principal consequência, até agora, parece ser a alteração na atmosfera da Terra. As atividades econômicas mudaram o equilíbrio dos gases que formam a atmosfera, principalmente dos *gases de efeito estufa*, como o dióxido de carbono (CO_2), o metano (CH_4) e o óxido nitroso (N_2O). Na verdade, esses gases representam menos de 1% da atmosfera total, composta principalmente de oxigênio (21%) e nitrogênio (78%).

Durante milhares de anos, como é conhecido a partir dos registros em testemunhos de gelo, as mudanças de temperatura foram devidas principalmente a mudanças na órbita da Terra em torno do Sol, enquanto as que ocorrem atualmente no clima são causadas por alterações na concentração de dióxido de carbono (CO_2) na atmosfera. Ao longo dos últimos cem anos, as concentrações atmosféricas de CO_2 aumentaram 30% em razão da queima de combustíveis fósseis resultante das atividades humanas. O aumento continuado do CO_2 atmosférico tem sido responsável pela maior parte do aquecimento, que não pode ser explicado por causas naturais. Medições por satélite mostram que não houve mudanças no padrão de energia irradiada pelo Sol nos últimos trinta anos, e as três grandes erupções vulcânicas ocorridas em 1963, 1982 e 1991 (respectivamente no Monte Agung – Indonésia, El Chichon – México e Pinatubo – Filipinas) geraram aerossóis que refletiam a energia solar, resultando em curtos períodos de resfriamento, ao invés de aquecimento.

No final do século XVIII, o cientista suíço Horace Benedict de Saussure (1740-1799) descobriu que, ao colocar diversas caixas de vidro transparente umas dentro das outras, a temperatura aumentava das caixas maiores para as menores, isto é, de fora para dentro. O fato de o vidro ser transparente e isolante térmico explica por que a luz o atravessa, mas o calor enfrenta dificuldade para sair. Jean-Baptiste Joseph Fourier (1768-1830) foi um matemático e físico francês conhecido principalmente por iniciar a investigação sobre a decomposição de funções periódicas em séries trigonométricas convergentes chamadas *séries de Fourier* e sua aplicação aos problemas da condução do calor. Mas Fourier também é creditado pela descoberta de que os gases na atmosfera da Terra, de modo análogo às caixas de vidro de Saussure, podem aumentar a temperatura da superfície terrestre – mais tarde esse fenômeno seria chamado de *efeito estufa*. Ele descreveu o fenômeno em 1824 e em 1827 publicou um artigo, no qual estabeleceu o conceito de balanço energético do planeta. Afirmou que a energia é proveniente de várias fontes que causam o aumento da temperatura, e a perda de energia se dá por radiação infravermelha (a qual chamou de *calor escuro*) – o equilíbrio entre o ganho e a perda de calor é alcançado porque a atmosfera o retém, retardando a sua perda excessiva. Fourier reconheceu que a Terra recebe energia, principalmente da radiação solar, que o calor geotérmico não contribui muito para o equilíbrio energético, e que a atmosfera é em grande parte transparente. Em 1859, John Tyndall (1820-1893) descobriu que o dióxido de carbono, o metano e o vapor-d'água bloqueiam a radiação infravermelha.

Svante Arrhenius (1859-1927), Prêmio Nobel de Química em 1896, foi um dos primeiros a anunciar que os combustíveis fósseis – naquela época principalmente a queima do carvão – poderiam causar ou acelerar o aquecimento global. Estabeleceu uma relação entre as concentrações de dióxido de carbono atmosférico e a temperatura. A energia solar chega à Terra na forma de radiação de ondas curtas. Parte dessa radiação é refletida pela superfície terrestre. A maior parte, no entanto, passa diretamente pela atmosfera para aquecer a superfície terrestre. A Terra, então, libera essa energia, devolvendo-a para o espaço, na forma de irradiação infravermelha de ondas longas. A maior parte da irradiação infravermelha que a Terra emite é absorvida pelo vapor-d'água, pelo dióxido de carbono e outros gases presentes naturalmente na atmosfera. Esses gases impedem que a energia passe de maneira direta da superfície terrestre para o espaço, porque processos naturais como as correntes de ar e a evaporação transportam essa energia para altas esferas da atmosfera. De lá, ela é irradiada para o espaço. É importante que esse processo seja lento porque, se a irradiação fosse direta para o espaço, o planeta Terra seria um lugar frio e sem vida.

Arrhenius também determinou que a temperatura média da superfície da Terra é de 15 °C, devido à capacidade de absorção de radiação infravermelha pelo vapor-d'água e pelo dióxido de carbono. Esse é o chamado *efeito estufa natural*. Sugeriu que o dobro da concentração do gás CO_2 causaria um aumento de temperatura de 5 °C e, com *Thomas* Chrowder Chamberlin (1843-1928), estimou que as atividades humanas poderiam levar a um aumento da temperatura pela adição de dióxido de carbono à atmosfera.

Após a descoberta de Arrhenius e Chamberlin, essas teorias ficaram esquecidas. Pensava-se que a influência das atividades humanas era pouco significativa quando comparada com forças naturais como a atividade solar ou os movimentos na circulação oceânica. Além disso, pensava-se que os oceanos eram grandes sumidouros de carbono que poderiam cancelar os danos causados pela poluição.

Em 1940, com as novas técnicas de espectroscopia na faixa do infravermelho, verificou-se que o aumento de dióxido de carbono na atmosfera levava ao aumento da absorção da radiação infravermelha, e que o vapor-d'água também absorve a radiação, embora de modo diferente do dióxido de carbono.

Mas o argumento de que os oceanos absorvem a maior parte do dióxido de carbono permaneceu intacto. Em 1950, encontraram-se provas suficientes de que o dióxido de carbono atmosférico tinha uma vida útil de dez anos. Ainda não se sabia o que acontecia com as moléculas de dióxido de carbono, quando dissolvidas no oceano – a capacidade de retenção de dióxido de carbono pelos oceanos poderia ser limitada ou o dióxido de carbono poderia ser liberado no ar novamente, após algum tempo. A pesquisa mostrou que os oceanos não eram sumidouros de carbono para o CO_2 liberado na atmosfera – apenas um terço das emissões de CO_2 liberado pela atividade humana pode ser absorvido pelos oceanos.

Em 1957, os cientistas passaram a afirmar categoricamente que o aumento do dióxido de carbono na atmosfera poderia ser perigoso. Desde 1959, as medidas foram sistematizadas e monitoradas em Mauna Kea, uma ilha do Havaí. As concentrações de CO_2 sobre o vulcão Mauna Loa passaram de 315 partes por milhão (ppm), em 1958, para 330 ppm, em 1974, prova cabal de que a concentração de CO_2 estava aumentando. Esses dados foram os maiores sinais e evidências sobre o aquecimento global. Estudos sobre sedimentos oceânicos concluídos na mesma época, porém, mostraram que houve vários ciclos de aquecimento e resfriamento nos últimos 250 mil anos.

Análises de núcleos de gelo usados para obter um registro de alta resolução das glaciações mais recentes confirmaram esses dados. Os últimos 400 mil anos consistiram de períodos interglaciais curtos (10 mil a 30 mil anos), tão quentes quanto o presente, alternados com períodos glaciais mais longos (70 mil a 90 mil anos), mais frios do que hoje. Entre 400 mil e 780 mil anos atrás, interglaciais ocuparam uma proporção consideravelmente maior de cada ciclo de resfriamento e aquecimento, mas não eram tão quentes como os interglaciais posteriores.

Assim, tinha início o alarme de que uma nova Era do Gelo estava próxima, e a mídia e muitos cientistas, em favor da hipótese de resfriamento, ignoraram os dados científicos que apontavam para o aquecimento global.

Em 1979, a Academia Nacional de Ciências dos Estados Unidos (National Academy of Sciences – NAS) lançou o primeiro estudo rigoroso sobre o aquecimento global, concluindo que, "se as emissões de dióxido de carbono continuarem a aumentar, não há nenhuma razão para duvidar que uma mudança climática acontecerá, e não há razão para acreditar que essas mudanças serão insignificantes" (National Academy of Sciences, p. vii).

Durante a década de 1980, a curva da temperatura média global continuou a subir inquestionavelmente, mostrando um aumento tão intenso que a teoria do aquecimento global começou a ganhar terreno, em detrimento da teoria de uma nova Era do Gelo. Em 1985, pesquisadores russos conseguiram extrair amostras de gelo de profundidades de até 1 km. Os cilindros de gelos escavados são chamados de *testemunho* e são extremamente valiosos como fonte de informação sobre o clima na Terra no passado, visto que, à medida que a neve precipita, ela carrega os gases presentes na atmosfera. Ao derreter esse material em condições controladas, os gases que estavam presos na neve são liberados e analisados, tornando possível determinar a composição da atmosfera na época em que a neve caiu – e consequentemente avaliar o clima do planeta no passado. As bolhas de ar que permaneceram aprisionadas por 100 mil anos mostraram uma clara correlação entre o aumento das temperaturas médias e os níveis de emissão de gases responsáveis pelo efeito estufa (em 1999, a amostragem foi ampliada para 400 mil anos e, em 2008, a confirmação da teoria veio com amostras de um período de 800 mil anos).

Organizações não governamentais começaram a pressionar governos e indústrias sobre a necessidade de proteção do ambiente global para evitar o aquecimento do planeta. O aquecimento global passou a ser notícia na mídia, com as inevitáveis fotos de geleiras derretendo e inundações, gerando polarização sobre questões que eram até pouco tempo apenas do âmbito dos cientistas – alterações climáticas e seus impactos negativos.

Em 1988, finalmente foi reconhecido que as temperaturas médias eram maiores do que antes de 1880. Foi estabelecido o Painel Intergovernamental sobre Mudança Climática (Intergovernmental Panel on Climate Change – IPCC) para o Programa Ambiental das Nações Unidas e a Organização Meteorológica Mundial. O objetivo dessa organização é prever o impacto de gases de efeito de estufa, tendo em conta os modelos climáticos esperados. O IPCC é composto de mais de 2.500 cientistas e técnicos de mais de sessenta países ao redor do mundo, de diferentes campos científicos, como climatologia, ecologia, economia, medicina e oceanografia.

Levantamentos comprovam que os dez anos mais quentes da história, desde que tais registros começaram a ser feitos, há mais de 130 anos, foram todos a partir de 1980. O relatório do IPCC em 2007 aponta que naquele ano a temperatura média no hemisfério norte foi a maior em quinhentos anos, e provavelmente a maior em 1.300 anos. A concentração de dióxido de carbono na atmosfera antes da Revolução Industrial era cerca de 280 ppm, e aumentava 1,5 ppm a cada ano. Os níveis do principal gás causador do efeito estufa presente na atmosfera alcançaram um novo pico em 2010, apesar da recessão econômica que freou a produção industrial em muitos países. O dióxido de carbono, medido na estação norueguesa Zeppelin, no arquipélago ártico de Svalbard, subiu para a média de 393,71 ppm da atmosfera, contra 393,17 ppm em 2009, continuando com a tendência de aumento.

Essa concentração foi maior do que qualquer outra durante os últimos 160 mil anos. Esse nível de crescimento ao longo dos últimos duzentos anos contribuiu com cerca de 60% para o aumento do efeito estufa. Para evitar novos aumentos nas concentrações de dióxido de carbono, seria necessária uma redução drástica de 60% das emissões globais de dióxido de carbono. O aumento das atividades envolvendo a queima de combustíveis fósseis, porém, tem liberado enormes quantidades de dióxido de carbono no ar. O gás carbônico pode permanecer por 150 anos no ar, e 10% desse gás pode permanecer por até mil anos. Outras atividades básicas e intensas como o cultivo de arroz alagado, a pecuária de ruminantes, a decomposição de matéria vegetal, como no caso de árvores mortas pelo desmatamento, ou o significativo aumento na produção de lixo acabam por gerar reações químicas, com emissão de metano, óxido nitroso e outros gases de efeito estufa.

Segundo os especialistas, se essas emissões não diminuírem, os níveis desses gases presentes na atmosfera podem triplicar até 2100. Entre os cientistas existe um consenso de que o resultado mais direto das mudanças climáticas será o aumento da temperatura do planeta entre 1,5 °C e 5,8 °C; e será difícil para as pessoas, os ecossistemas e a economia se adaptarem a essa mudança súbita.

O aumento da temperatura da Terra tende a provocar o aumento do nível dos oceanos porque o calor provoca a expansão térmica das moléculas de água, além do derretimento do gelo nos polos do planeta. Com o aumento do nível do mar, as zonas costeiras, cidades situadas abaixo do nível do mar e algumas ilhas vão ficar debaixo d'água. Além disso, a água do mar poderá se misturar com a água doce, diminuindo a água potável disponível no planeta. Outra possibilidade é a modificação do regime de chuvas, provocando enchentes ou intensos períodos de seca, o que resultaria na redução das safras agrícolas.

Para reduzir as emissões de carbono, os países industrializados teriam que realizar algumas modificações, principalmente em relação à matriz energética, com imensas implicações econômicas e políticas. Reunidos no Rio de Janeiro, em 1992, na Conferência Mundial para o Meio Ambiente e o Desenvolvimento, promovida pela Organização das Nações Unidas, também chamada de Cúpula da Terra ou ECO-92, dirigentes de mais de oitenta países ratificaram o tratado da Convenção Quadro das Nações Unidas sobre Mudanças Climáticas (United Nations Framework Convention on Climate Change – UNFCCC), transformando-o em lei internacional. Nessa conferência, os signatários sugeriram que as emissões não ultrapassassem o nível de 1990 até o ano 2000.

Para dar andamento aos trabalhos, foi criada a Conferência das Partes (COP), um órgão supremo da UNFCCC que reúne todos os países que participam da Convenção. A COP se reúne todo ano, a menos que as partes decidam o contrário. Desde 1992 e até 2009, a COP se reuniu quinze vezes. Na COP-2, realizada em Genebra, em julho de 1996, os governantes deram um passo importante para definir políticas e metas específicas visando controlar a emissão de gases e propuseram a elaboração de um protocolo, de cumprimento obrigatório, estabelecendo as medidas destinadas a limitar as emissões de gases de efeito estufa. Esse protocolo, denominado Protocolo de Quioto, foi adotado na COP-3, realizada em Quioto, no Japão, em dezembro de 1997. Os países industrializados se comprometeram a reduzir suas emissões de gases de efeito estufa. O objetivo foi reduzir as emissões globais de gases de efeito estufa em pelo menos 5% em relação aos níveis de 1990, no período de 2008 a 2012. Foram acordados limites de emissão para dióxido de carbono (CO_2), metano (CH_4), óxido nitroso (N_2O), hexafluoreto de enxofre (SF_6) e dois grupos de gases hidrofluorcarbonos (HFC) e perfluorcarbonos (PFC). Esses gases deveriam ser limitados nos seguintes setores: energia, processos industriais, solventes e outros produtos, agricultura, mudança de uso da terra e florestas, e resíduos. Para o Protocolo entrar em vigor, os países que juntos produzem 55% das emissões deveriam ratificá-lo; assim, foi aberto para assinaturas em 11 de dezembro de 1997 e entrou em vigor somente em 16 de fevereiro de 2005, depois que a Rússia o ratificou em novembro de 2004. O Protocolo de Quioto expira em 2012, e já há o compromisso da ONU e de alguns governos para o delineamento de um novo acordo ou, o que é mais provável, de uma emenda ao Protocolo, que estabeleceria novas metas a serem cumpridas após 2012.

Na COP-3 também foi criado um instrumento denominado mecanismo de desenvolvimento limpo (MDL), por meio do qual os países industrializados podem investir em projetos de países em desenvolvimento que promovam, por exemplo, o sequestro de carbono da atmosfera, contabilizando tal fato como uma redução líquida de suas emissões. Isso inclui desde projetos de reflorestamento de áreas degradadas em florestas tropicais – plantas em crescimento removem carbono da atmosfera, transformando-o em biomassa vegetal – até a substituição de usinas termelétricas por usinas a gás natural, que emitem uma quantidade menor de carbono. A Conferência de 2008 foi realizada em Poznan, Polônia. Um dos principais tópicos dessa reunião foi a discussão de uma possível implementação do *desmatamento evitado*, também conhecido como redução das emissões de desmatamento e degradação florestal (REDD).

O REDD estabelece as bases de um sistema de créditos de carbono concedidos a projetos que evitam o desflorestamento, já que o desmatamento evitado supostamente serve como medida de redução das emissões de CO_2 (como sequestrador de carbono). As florestas são importantes fontes de absorção de gás carbônico, e o desmatamento por meio de queimadas é o principal fator de emissões em alguns países em desenvolvimento. A Conferência de 2009 foi sediada em Copenhague, e após grandes divergências entre os países ricos e o grupo dos países em desenvolvimento acerca de temas como metas de redução de emissão de gases de efeito estufa e contribuição para um possível *fundo climático*, terminou sem que se chegasse a um acordo definitivo.

O SEQUESTRO DE CARBONO

O dióxido de carbono (CO_2) é um gás incolor e inodoro, cujas moléculas são formadas por dois átomos de oxigênio e um átomo de carbono. É um gás que, a temperatura e pressão-padrão, compreende 0,039% da atmosfera da Terra. É gerado como subproduto da combustão de combustíveis fósseis ou da queima de matéria vegetal. Por exemplo, é liberado na atmosfera durante as queimadas de uma floresta natural e na queima de carvão ou petróleo. Outras fontes naturais de CO_2 incluem erupções vulcânicas, decomposição da matéria morta de plantas e animais, evaporação do oceano e respiração. O dióxido de carbono é removido da atmosfera por *sumidouros* de carbono.

O CO_2 é utilizado pelas plantas durante a fotossíntese para produzir açúcares, e pode ser consumido na respiração ou utilizado como matéria-prima para produzir outros compostos orgânicos necessários para o crescimento e o desenvolvimento das plantas. É emitido pelas plantas durante a respiração e por todos os animais, fungos e microrganismos que dependem direta ou indiretamente das plantas para a alimentação. É, portanto, um componente importante do ciclo do carbono.

Os principais processos de eliminação são a absorção pela água do mar e a utilização (para a fotossíntese) pelo plâncton que vive nos oceanos e pela biomassa viva na Terra, incluindo florestas e pastos.

Os oceanos absorvem grande parte do gás carbônico da atmosfera por dois motivos: um porque o gás se dissolve na água e outro porque as pequenas algas marinhas durante o processo de fotossíntese consomem CO_2. Os oceanos podem ser considerados grandes *consumidores* do CO_2 atmosférico. Vale lembrar, porém, que é possível dissolver maiores quantidades de um gás em águas mais frias. Se a temperatura das águas dos oceanos aumentar, como consequência do efeito estufa, sua capacidade de absorver o CO_2 da atmosfera diminuirá. As florestas também são muito importantes para a absorção de CO_2, principalmente quando as plantas estão crescendo, pois estas também transformam o CO_2 atmosférico em matéria orgânica sólida por meio da fotossíntese, removendo o carbono da atmosfera. Um aumento no número de árvores plantadas e não cortadas posteriormente pode, portanto, ajudar a diminuir a concentração de CO_2 na atmosfera. No processo de queima de florestas, o gás carbônico que estava armazenado durante muitos anos na forma de tecidos das plantas é emitido de volta para a atmosfera em minutos.

O *sequestro de carbono* é um conceito lançado na Convenção do Clima, mas se consagrou somente a partir da Conferência de Quioto, em 1997, quando foram aprovados os mecanismos que incorporariam o carbono. O sequestro de carbono refere-se à forma natural de sequestrar o CO_2 pelos vegetais por meio da fotossíntese – processo que permite fixar o carbono na forma de matéria lenhosa nas plantas (Chang, 2004). Em princípio, o Protocolo de Quioto chegou a considerar quatro formas de sequestro (IPCC, 2001):

a) o reflorestamento ou aflorestamento que sequestra o carbono;
b) o manejo florestal sustentável que tanto sequestra quanto reduz as emissões;
c) a conservação e a proteção florestal contra desmatamento, que é uma forma de evitar a emissão;
d) a substituição do combustível fóssil por biomassa renovável para reduzir as emissões.

O acordo da COP-7, realizada em Marrakesh, em 2001, aprovou o sequestro florestal como modalidade de mecanismo de desenvolvimento limpo (MDL), mas excluiu a conservação e o manejo florestal para o primeiro período de vigência do Protocolo. A COP-9, realizada em Milão em 2003, estabeleceu que os certificados de redução de emissões florestais (*certified emission reductions*) seriam temporários.

Parte-se então do princípio de que qualquer nível de emissão de dióxido de carbono é aceitável, desde que seja compensado por alguma outra atividade que absorva CO_2. Dessa forma, uma empresa que emite anualmente milhares de toneladas de dióxido de carbono e planta milhares de árvores pode ser tão neutra em relação às emissões de carbono quanto um pequeno fazendeiro que emite apenas algumas centenas por ano. O mesmo seria válido para indivíduos, que podem doar dinheiro para as organizações não governamentais (ONGs) que plantarão árvores, as quais teoricamente tornarão esse cidadão neutro quanto às suas emissões de carbono.

FLORESTAS

Os dados sobre os progressos na gestão sustentável das florestas indicam que há muitas tendências positivas ao redor do planeta, tais como plantações florestais intensivas e crescentes esforços de conservação. Mas isso não significa que as tendências negativas foram detidas, como a degradação de florestas primárias ou a sua conversão para a agricultura. Várias ferramentas foram desenvolvidas no contexto do manejo florestal sustentável, incluindo os critérios e indicadores, programas florestais nacionais, florestas-modelo e sistemas de certificação. Essas ferramentas também podem apoiar e fornecer fundamentos sólidos para o sequestro de carbono e, portanto, para a mitigação das mudanças climáticas.

A cobertura florestal global ocupa aproximadamente 3,9 bilhões de hectares, que correspondem a 30% da área terrestre do mundo (FAO, 2006). Mais relevante para o ciclo do carbono é que, entre 2000 e 2005, o desmatamento bruto continuou a uma taxa de 12,9 milhões de hectares por ano. Isso se deve principalmente à conversão de florestas em terras agrícolas, mas é também resultado da expansão dos assentamentos, infraestrutura e práticas de exploração madeireira não sustentáveis (FAO, 2006; MEA, 2005). Na década anterior, o desflorestamento bruto havia sido ligeiramente superior, 13,1 milhões de hectares por ano. Em decorrência dos reflorestamentos, da recuperação da paisagem e da expansão natural das florestas, a estimativa mais recente da perda líquida de florestas é de 7,3 milhões de hectares por ano. A maior parte das perdas ocorre na América do Sul, África e Sudeste Asiático, onde os estoques de carbono na biomassa florestal diminuem, mas aumentam em todas as outras regiões.

A quantidade de emissões de CO_2 reduzidas ou isoladas de um ambiente é representada pela unidade padrão $MtCO_2$, que equivale a uma tonelada métrica de dióxido de carbono (*metric tonne carbon dioxide equivalent*). Segundo a Organização das Nações Unidas para Agricultura e Alimentação (Food and Agriculture Organization – FAO, 2006), os estoques de carbono global líquido da biomassa florestal diminuíram cerca de 4 mil $MtCO_2$ anualmente, entre 1990 e 2005.

A área de plantação de florestas foi de cerca de 140 milhões de hectares em 2005 e aumentou em 2,8 milhões de hectares por ano no período de 2000 a 2005, principalmente na Ásia (FAO, 2006). De acordo com a Avaliação dos Ecossistemas do Milênio (Millennium Ecosystem Assessment – MEA, 2005), a área florestal em regiões industrializadas vai aumentar cerca de 60 milhões a 230 milhões de hectares entre 2000 e 2050. Ao mesmo tempo, a área florestal nas regiões em desenvolvimento diminuirá em cerca de 200 milhões a 490 milhões de hectares. Além de a área florestal global diminuir, as florestas serão gravemente afetadas por perturbações como incêndios, pragas (insetos e doenças) e eventos climáticos, incluindo secas, vento, neve, gelo e inundações. Tais distúrbios afetam cerca de 100 milhões de hectares de florestas por ano (FAO, 2006).

Reservatório de carbono é qualquer sistema que tem a capacidade de acumular ou liberar carbono. Um reflorestamento pode afetar diferentes formas de reservatórios de carbono, como a biomassa viva acima ou abaixo do solo, a madeira morta, a serapilheira e o solo. A biomassa viva acima do solo corresponde ao tronco, ramos, casca, folhas, flores e frutos. A biomassa viva abaixo do solo inclui parte do tronco e as raízes. A biomassa da madeira morta inclui toda a biomassa lenhosa morta, em pé ou caída. A serapilheira é a biomassa morta em vários estádios de decomposição na superfície do solo. Finalmente, o reservatório de carbono no solo corresponde à matéria orgânica abaixo da superfície, até uma profundidade especificada, normalmente 30 cm. Um projeto de reflorestamento pode incluir um ou mais reservatórios, entretanto, o reservatório da biomassa viva acima do solo é o mais importante. Em muitas situações, os demais reservatórios não são considerados, mas assume-se que o acúmulo de carbono nos demais reservatórios considerados aponte para um valor conservador no reflorestamento como um todo. A quantificação e o monitoramento de carbono nesses reservatórios são tarefas que requerem um conhecimento multidisciplinar, com sólida base de conceitos estatísticos.

Vários estudos em andamento colocam em dúvida a capacidade de absorção de carbono das florestas, dado o descompasso entre a *fertilização do CO_2* (que é a intensificação da produtividade ou o maior crescimento da vegetação terrestre produzido por efeito de uma concentração elevada de CO_2 na atmosfera) e a *respiração vegetal* (um processo bioquímico pelo qual substratos específicos são oxidados com posterior liberação de CO_2). Essa era uma questão pouco discutida até recentemente. Além disso, essas florestas, que atuariam como um reservatório de carbono, são caracterizadas por longos períodos de taxas pequenas de absorção de carbono, interrompidos por curtos períodos de liberações rápidas de carbono.

Nos estádios iniciais e intermediários do desenvolvimento da floresta, as árvores em crescimento atuam como sequestradoras de carbono. Com o passar do tempo, o carbono dos ecossistemas vai aumentar lentamente ou até mesmo diminuir, com acúmulo desse carbono principalmente na matéria orgânica morta e nos reservatórios de carbono do solo. Nos anos seguintes, a liberação de carbono pela decomposição da matéria orgânica morta residual pode exceder a absorção de carbono por rebrota.

As árvores em uma floresta podem ser individualmente fontes ou sequestradoras de carbono, mas o balanço de carbono da floresta é determinado pela soma do saldo líquido de todas as árvores. O ponto de saturação em uma paisagem florestal – aquele onde ocorre o armazenamento teórico máximo de carbono – é atingido quando todas as árvores estão em um estádio avançado de crescimento, mas isso raramente ocorre porque perturbações naturais ou humanas mantêm indivíduos de várias idades dentro da floresta.

A descoberta de que as florestas não são uma panaceia para o aquecimento global surgiu logo após o sequestro de carbono florestal ter ocupado papel central no Protocolo de Quioto. Esses estudos convergem para a posição de que florestas plantadas como reservatórios de carbono vão se saturar e começar a devolver boa parte desse carbono à atmosfera, acelerando temporariamente o aquecimento global. O argumento se baseia no descompasso entre a fertilização de CO_2, que estaria chegando ao pico, e a respiração. A fertilização (absorção) é um processo instantâneo, enquanto a respiração (emissão) das plantas e do solo aumenta em resposta ao aquecimento, com uma defasagem de aproximadamente cinquenta anos.

O desenvolvimento baseado no mercado de serviços ambientais de florestas, como a conservação da biodiversidade, sequestro de carbono, proteção de bacias hidrográficas e turismo baseado na natureza, está recebendo atenção como uma ferramenta para promover a gestão sustentável das florestas. Desde a criação da UNFCCC, em 1992, houve considerável avanço no que se refere ao entendimento do papel das florestas na mitigação dos gases de efeito estufa. O uso e as mudanças no uso da terra representam até 20% do total de emissões de gases de efeito estufa. Tanto o uso contínuo e inadequado da terra, com excesso de gradagens e queima de pastos e restos de culturas, como os desmatamentos aumentam a quantidade de dióxido de carbono, metano e óxido nitroso na atmosfera. Contudo, o uso adequado do solo e o reflorestamento contribuem para a redução de emissões e a remoção de gases de efeito estufa na atmosfera.

O Brasil possui dotação e potencial privilegiados para a implementação de programas de reflorestamento voltados ao sequestro de carbono, devido à ampla experiência no setor florestal e à sua situação ambiental. A fixação de carbono é entendida como um dos serviços ambientais passíveis de avaliação e valoração e, portanto, fonte de recursos para o suporte de programas de reflorestamento. A viabilização de recursos de créditos de carbono para projetos de reflorestamento depende do desenvolvimento de metodologias para a quantificação e o monitoramento da quantidade de carbono sequestrada pelas florestas. A remuneração pelo sequestro de carbono pelas florestas em crescimento poderia contribuir para o plantio de florestas nativas.

Esses projetos poderão abranger a recuperação florestal com árvores nativas plantadas em áreas antes devastadas, formando novas matas perenes. O número de árvores e a área a ser plantada dependem da quantidade de emissões a ser neutralizada e da relação árvores/tCO_2, e variam em função das características de cada bioma. No bioma Mata Atlântica, em média, a cada cinco árvores plantadas é possível neutralizar a emissão de 1 tonelada de carbono. Cada hectare comporta, em média, até 2 mil árvores, o que possibilita a neutralização de cerca 400 toneladas de carbono.

Outra possibilidade é a conservação florestal ou o desmatamento evitado de florestas existentes nos principais biomas nacionais: Mata Atlântica, Floresta Amazônica e cerrado, com estoques de carbono que variam de 150 a 290 tCO_2 por hectare conservado e protegido. A conservação e a manutenção de florestas ficaram fora do Protocolo de Quioto para efeitos do mecanismo de desenvolvimento limpo (MDL). Mas, pela importância estratégica na manutenção dos estoques de carbono existentes, sua inclusão após 2012 é considerada praticamente certa.

PRODUÇÃO AGRÍCOLA

Clima é o fator mais importante na determinação do crescimento e produtividade de uma planta. Sem medidas para reduzir emissões de gases de efeito estufa, a temperatura média da superfície global deverá aumentar cerca de 0,2 °C por década durante o século XXI, e essa rápida mudança climática terá implicações significativas para a agricultura em todo o mundo.

O crescimento de uma cultura é frequentemente limitado pela temperatura. Espera-se que o aumento das temperaturas previsto para o século XXI provoque as mudanças mais radicais nas maiores latitudes, onde prevalecem temperaturas mais amenas. Um aumento da temperatura de 1,5 °C até 2050 é equivalente a uma diminuição da altitude de aproximadamente 200 m. Isso corresponde a uma mudança na latitude de 200 km a 300 km, permitindo que espécies normalmente adaptadas a locais mais quentes aumentem a sua distribuição na direção dos polos. Em outras regiões, no entanto, um aumento da temperatura não será tão benéfico. Pequenos aumentos na temperatura também aumentarão o número de parasitas. A broca do milho europeu, por exemplo, uma praga séria de sementes de milho, pode aumentar sua faixa de distribuição entre 165 km e 500 km ao norte com uma elevação de apenas 1 °C.

A umidade e a disponibilidade de água serão afetadas pelo aumento da temperatura, independentemente de qualquer alteração na precipitação. Temperaturas mais elevadas aumentam a taxa de evaporação, reduzindo o nível de umidade disponível para as plantas, embora outros elementos climáticos estejam envolvidos. O aquecimento de 1 °C, sem mudança na precipitação, pode reduzir a produção de trigo e milho em áreas centrais dessas culturas em cerca de 5%. A diminuição significativa na disponibilidade de umidade nas regiões mais secas do mundo seria muito mais preocupante para os agricultores que cultivam a terra em pequenas propriedades familiares. A diminuição na disponibilidade de umidade agrava os problemas existentes, tais como solos estéreis, erosão do solo e baixa produtividade das culturas. Em casos extremos, a redução da umidade pode levar à desertificação.

Os níveis do mar devem subir 1 m até 2100, embora nem todos os cientistas concordem com isso. A maior ameaça para áreas agrícolas de várzea no nível do mar é a inundação. O Sudeste Asiático tem maior risco de inundações por causa da natureza do seu território, sazonalmente alagado. Além disso, a poluição das águas superficiais e subterrâneas com água do mar é outro provável problema para os agricultores localizados nas planícies. Os custos da produção agrícola poderiam aumentar, resultando em preços mais altos dos alimentos para o consumidor.

Embora as alterações climáticas possam ter algum impacto negativo na produção agrícola em todo o mundo, o aumento das concentrações de dióxido de carbono na atmosfera pode ser benéfico. Com níveis mais elevados de dióxido de carbono, ocorre uma estimulação da taxa de fotossíntese e, consequentemente, as taxas de crescimento e produtividade das plantas poderiam aumentar. Isso seria, em tese, benéfico para os estoques globais de alimentos. A maioria das plantas cultivadas em áreas temperadas e frias responderia positivamente a uma maior concentração de dióxido de carbono, incluindo alguns alimentos básicos, como trigo, arroz e soja. Alguns estudos têm mostrado que a taxa de crescimento dessas culturas pode aumentar até 50% se o dióxido de carbono na atmosfera for dobrado. No entanto, as plantas cultivadas em regiões tropicais do mundo, como sorgo, milho e cana-de-açúcar, que juntas representam cerca de um quinto da produção mundial de alimentos, não respondem tão bem ao aumento de dióxido de carbono.

Para manter a produção agrícola e atender à demanda de uma população crescente no mundo, os agricultores terão que se adaptar às possíveis mudanças impostas pelas alterações climáticas. Temperaturas mais elevadas aumentam a demanda para a irrigação de terras agrícolas, mas em muitas zonas áridas e semiáridas a demanda de água já supera a oferta. A maior disseminação de pragas e doenças também pode colocar novas exigências sobre a necessidade de fertilizantes, pesticidas e herbicidas, que, sendo caros, contribuem para o aumento do preço final do produto. A capacidade de adaptação dos países às alterações climáticas mudará drasticamente. As limitações econômicas e tecnológicas vão restringir a taxa de adaptação, e as economias mais pobres provavelmente não conseguirão acompanhar as mudanças que ocorrerão nas condições climáticas e no mercado de *commodities*. Portanto, as mudanças climáticas previstas para o século XXI provavelmente vão alargar ainda mais o fosso que já existe entre os países já desenvolvidos e aqueles em desenvolvimento.

AGRICULTURA, MANEJO E MEIO AMBIENTE

Ao longo da maior parte de sua história evolutiva, a humanidade era constituída de caçadores-coletores, que se alimentavam do que crescia ao seu redor, com pouco ou nenhum controle humano. No entanto, durante aproximadamente 40 mil anos, uma longa série de pequenos procedimentos foi se desenvolvendo até culminar, aproximadamente 8.500 anos atrás, em um sistema de gestão de domesticação de plantas e animais, que hoje é chamado de agricultura. A agricultura aumentou a quantidade de alimentos disponíveis a partir de vegetais e animais, e deu uma relativa segurança da continuidade do abastecimento desses alimentos. Com essa mudança, a chamada Revolução Neolítica, o homem deixou de ser nômade e passou a viver em aldeias ou cidades. Os agricultores cultivavam o solo e criavam potencial para o acúmulo e estocagem de grãos, consolidando uma cultura cada vez mais próspera e urbana. Para a maior parte dos últimos 8.500 anos até cerca de 250 anos atrás, as pessoas, em sua maioria, eram lavradores e a ocupação humana primária era produzir alimentos.

A manipulação das culturas vem, portanto, sendo praticada pela humanidade há milhares de anos, desde o início da civilização. A criação de práticas de manejo altera a composição genética das plantas para desenvolver culturas com características mais benéficas para os seres humanos. A domesticação de plantas, ao longo dos séculos, aumentou o tamanho de frutos e sementes como também a produtividade da espécie e a resistência a doenças, melhorou a tolerância à seca, facilitou a colheita, aprimorou o trigo, a cevada, a ervilha, a oliveira e a lentilha, cuja domesticação data de 8.500 anos a.C. Em milênios mais recentes foram melhorados, por exemplo, a banana, a maçã, a batata e o milho. Outras culturas, como o abacaxi, o morango, a seringueira e o dendê, foram aprimoradas em séculos mais recentes. A seleção criteriosa e a seguir os cruzamentos entre indivíduos com as características desejadas tiveram enormes efeitos sobre as plantas cultivadas em termos de qualidade, sabor e valor nutricional.

As pessoas, os métodos e os fundamentos relacionados à produção vegetal são tão diversos como são os usos e a importância das plantas. Algumas das áreas da botânica são particularmente orientadas para a prática e a produção de novos cultivares, por meio de estudos de prospecção, melhoramento e identificação – a agricultura e a horticultura lidam com a melhoria do rendimento e da resistência a doenças de culturas alimentares ou, ainda, de plantas ornamentais, enquanto o manejo florestal se ocupa do cultivo e da colheita de árvores usadas para madeira e celulose.

As plantas agrícolas que em sua maioria são utilizadas como alimentos são as Angiospermae (ou Magnoliophyta), grupo mais diversificado de plantas terrestres e que compreende todas aquelas que produzem flores. Todas as partes de uma planta podem ser utilizadas como produtos alimentares. São usadas as raízes – mandioca, batata-doce, cenoura; caules – batata, inhame, aspargo, cana-de-açúcar; folhas – alface, couve, repolho, almeirão; flores – alcachofra, brócolis, couve-flor, cravo-da-índia, alcaparra; sementes e grãos – arroz, feijão, ervilha, lentilha, trigo, milho, centeio, cevada, aveia; e frutos – banana, abacaxi, maçã, morango, pêssego, melão, kiwi, laranja, azeitona, pimenta, tomate. Frutos e sementes também podem ser prensados para produção de óleo – amendoim, girassol, azeitona, milho, soja. As plantas podem ainda ser usadas como aromatizantes – baunilha, alecrim, manjericão, louro; como condimentos – gengibre, cravo-da-índia; como bebidas estimulantes – café, cacau (chocolate), chá, cola (energéticos e refrigerantes à base de noz-de-cola.); e como bebidas alcoólicas – cevada (uísque), cana-de-açúcar (cachaça), cereais (cerveja), uva (vinho), frutas (licores).

Árvores lenhosas são utilizadas para produção de madeira e para produtos de celulose, principalmente papel. As fibras vegetais (algodão, linho, cânhamo, sisal, juta) são usadas em tecidos, cordas, sacos e aniagem. Não se pode esquecer da importância das plantas com relação à sua beleza, daí o cultivo de plantas ornamentais, o que é hoje uma indústria importante. Nas regiões tropicais, bambus, palmeiras e uma variedade de espécies servem para a construção de habitações humanas. Finalmente, as plantas têm grande importância medicinal para tratar inúmeras doenças ou para manter a boa saúde.

Compostos de origem vegetal são muito importantes na indústria farmacêutica, com a extração direta de uma molécula, ou sendo usados como modelos para a síntese de novos fármacos. Plantas e produtos vegetais são também usados como euforizantes e alucinógenos, muitas vezes ilegalmente (maconha, ópio, cocaína, mescalina e muitos outros difundidos em culturas locais). Diversas partes de um grande número de espécies vegetais são usadas inteiras ou em fragmentos, em chás e suplementos, com o objetivo de curar, prevenir ou manter a saúde.

Especialização, concentração e intensificação da produção agrícola aumentaram nas últimas décadas e são amplamente reconhecidas como ameaças potenciais para a conservação da biodiversidade. A Organização das Nações Unidas para Agricultura e Alimentação (Food and Agriculture Organization – FAO) estima que mais de 40% da superfície da

Terra é atualmente utilizada para a agricultura (FAO, 2006). Como tanta terra foi convertida para a agricultura, a perda de *habitat* é reconhecida como a força motriz da perda de biodiversidade. Essa perda de biodiversidade, muitas vezes ocorreu em duas etapas:

1) com a introdução de culturas diversificadas em pequenas propriedades;
2) com o uso difundido da agricultura mecanizada e a monocultura, após a Segunda Guerra Mundial.

Muitas espécies vivem em interdependência direta com a agricultura, como as abelhas que coletam pólen nas culturas. Algumas vezes, a introdução de espécies agrícolas, como as gramíneas africanas, pode promover a propagação de espécies invasoras, que por sua vez causam declínios na fauna e na flora nativa. No entanto, é difícil isolar os efeitos do uso da terra de outros efeitos, tais como a urbanização e o crescimento da infraestrutura, que também afetam as zonas rurais.

Entre as décadas de 60 e 90 do século XX, os governos dos países industrializados investiram de forma pesada na pesquisa agrícola, transferindo os resultados diretamente para os campos dos agricultores, e procurando diferentes abordagens para aumentar a produção de alimentos. A agricultura moderna passou a se basear em pesquisa sobre como introduzir energia externa em um sistema produtivo, sob a forma de pesticidas, de mecanização, de fertilizantes e de tecnologia de engenharia genética. Esse movimento, conhecido como Revolução Verde, é hoje quase universalmente a maneira-padrão de fazer agricultura em todas as partes do mundo.

As práticas tradicionais utilizadas antes da Revolução Verde tinham o defeito de não ser capazes de entregar produtos baratos, atraentes e em grandes quantidades para os consumidores, com a qualidade e o cumprimento às normas de segurança impostas por lei e pelos processos adequados para o processamento industrial. Parte dessa agricultura tradicional, adaptada aos padrões de consumo modernos, agora leva o nome de agricultura orgânica, um nicho de mercado com relevância cada vez maior e produtos com preços bastante elevados.

As práticas agrícolas intensivas também trouxeram várias implicações negativas, tais como aumentar a demanda de alimentos antes desnecessários, a pressão para manter os preços baixos, a redução das terras aráveis, a necessidade de cultivar em áreas desfavoráveis e a exigência do mercado por produtos com níveis superiores de qualidade e valor nutricional. Esses fatores colocam os produtores e operadores à frente de uma gama limitada de escolhas.

Por outro lado, a agricultura intensiva tem problemas evidentes de sustentabilidade, e por isso existe uma demanda crescente por tecnologia cada vez mais orientada para o ambiente. Entre as soluções tecnológicas, houve a adoção de abordagens integradas de manejo de pragas, a melhoria de compostos químicos menos tóxicos e persistentes e variedades utilizadas. Nesse contexto há lugar também para os organismos geneticamente modificados (OGMs).

Biodiversidade é um termo amplo, que se refere à variedade de vida e de seus processos. Inclui todas as formas de vida, desde uma única célula a organismos, seus órgãos, processos e ciclos, envolvendo seres complexos em populações, ecossistemas e paisagens. A interação entre o meio ambiente, os recursos genéticos, a gestão dos sistemas e o modo como essas ações são executadas resulta no que se entende por biodiversidade agrícola – a variabilidade dos animais, das plantas e microrganismos importantes para a alimentação e a agricultura. A restauração agroecológica trabalha para o equilíbrio da sustentabilidade e da viabilidade econômica, pois a agricultura convencional não é sustentável em longo prazo sem a integração dos sistemas naturais. Seus esforços são complementares, e não um substituto para a conservação da biodiversidade. No entanto, as boas práticas de gestão agrícola podem ter um impacto positivo significativo tanto na conservação da fauna e da flora como no desenvolvimento socioeconômico das zonas rurais. Áreas cultivadas não podem ser restauradas para um estado puramente natural, devido ao impacto econômico negativo sobre os agricultores, mas os processos de retorno permitem uma exploração mais ecologicamente sustentável e, ao mesmo tempo, viável do ponto de vista econômico. Porém, medidas podem ser efetivadas para evitar a perda de biodiversidade, com a promoção e o apoio de sistemas agrícolas e práticas que respeitem o meio ambiente, ações que promovam a biodiversidade direta ou indiretamente, o apoio de atividades agrícolas sustentáveis em áreas de grande riqueza em termos de biodiversidade, a manutenção e o reforço de infraestrutura verde e a promoção da conservação de espécies vegetais nativas ou ameaçadas.

É fundamental que todas essas prioridades sejam apoiadas por investigação, formação e educação. A conservação da biodiversidade depende em grande parte da aplicação de medidas adequadas e específicas, em especial de compensação para as regiões mais pobres.

FATORES BIOLÓGICOS DA PRODUÇÃO AGRÍCOLA E A INTERVENÇÃO HUMANA

Ao contrário da simples coleta de produtos naturais da terra, como faziam os antepassados, a agricultura consiste num conjunto de técnicas que envolvem modificar os fatores naturais de produção de culturas para aumentar a quantidade e a qualidade de um produto. A simples coleta explora a produção natural em função das alternativas existentes para as necessidades específicas das plantas e da dinâmica do ecossistema, sem intervenção humana. A agricultura, em vez disso, promove a intervenção humana para corrigir a seu favor fatores que determinam a produção vegetal. As intervenções humanas que contribuem para a formação de uma atividade agrícola como algo distinto da simples coleta são aquelas que atuam nos fatores biológicos intrínsecos e extrínsecos, nos fatores climáticos e nos fatores relativos ao solo.

Os fatores biológicos intrínsecos são as bases genéticas que condicionam a anatomia, a morfologia e a fisiologia de cada espécie e, consequentemente, as características dos seus produtos agrícolas. As intervenções humanas que procuram contornar esses fatores intrínsecos visando à melhoria do produto final são tradicionalmente os processos de seleção por meio de cruzamentos, hibridação, poda, enxertia, densidade de plantio e, mais recentemente, melhoramento genético e biotecnologia.

Os fatores biológicos extrínsecos consistem nas relações ecológicas que se desenvolvem entre as espécies agrícolas e de outros organismos vivos (plantas, animais, microrganismos) que habitam o ecossistema natural, com interações de competição, predação, parasitismo, simbiose ou neutralidade.

As intervenções humanas que atuam sobre esses fatores são aquelas que visam conter os fenômenos biológicos de antagonismo, ou então promover a sinergia de processos biológicos. Uma forma primitiva de contenção de antagonismo é a capina de uma área cultivada, evitando que o campo seja tomado por gramíneas, família com muitas plantas popularmente conhecidas como *ervas invasoras*. Outro exemplo seria a utilização de técnicas e procedimentos químicos ou biotecnológicos que impedem a contaminação da cultura por fungos, bactérias e insetos. Um caso típico de sinergismo é o processo de inoculação de fungos micorrízicos para promover o aumento de biomassa da produção. Essas associações caracterizam-se pela translocação de nutrientes em movimentos bidirecionais – de um lado, o fluxo de carboidratos para o fungo; de outro lado, os nutrientes inorgânicos para as plantas. Como resultado, plantas inoculadas com esses fungos, além de mais competitivas e tolerantes às condições ambientais adversas, podem apresentar maior produção de biomassa.

Fatores climáticos são os fenômenos relativos às interações da atmosfera e do Sol com a superfície da Terra e seus diferentes componentes, a litosfera, a hidrosfera e a biosfera. Os principais fatores climáticos que influenciam a produção das culturas são a radiação solar, a temperatura, a precipitação, o vento, a umidade, a evapotranspiração e a composição química do ar. As intervenções humanas nos fatores climáticos basicamente consistem na tomada de medidas protetoras destinadas a minimizar a influência negativa do clima e aumentar o aproveitamento das características positivas, ajustando um ou mais fatores que influenciariam no produto final. Exemplos de intervenções sobre os fatores climáticos são a criação de quebra-ventos, proteções contra o frio (estufa, túneis, coberturas), irrigação e sombreamento para evitar o excesso de radiação solar. Menos claro é o papel desempenhado por outras práticas agrícolas que consistem em sua adaptação às condições climáticas, tais como a escolha da época de semeadura, do transplante, da escolha de variedades, da densidade de plantio, da orientação das linhas e do preparo do solo.

Fatores do solo são de compreensão e manipulação difíceis, pois apresentam interação com a hidrosfera, a atmosfera, a biosfera e o Sol. O solo é um ambiente complexo, resultante da pedogênese, e gerado pelo equilíbrio entre a litosfera e outros elementos que interagem na superfície da Terra. Entende-se aqui como fatores do solo as suas propriedades físicas, químicas e biológicas, que, juntas, ajudam a determinar a fertilidade. As intervenções nos fatores do solo são questões mais complexas que as anteriores, porque determinada ação pode alterar ao mesmo tempo diferentes propriedades do solo. A irrigação influencia as características físicas, químicas e biológicas; a aragem da terra afeta principalmente as propriedades físicas, facilitando o plantio, mas podendo promover a erosão do terreno; a adubação afeta principalmente as propriedades químicas, mas tem também um papel nos processos físicos e biológicos.

NITROGÊNIO E ADUBAÇÃO SINTÉTICA

À medida que crescem, as plantas aumentam em biomassa e em produção de energia. O carbono e a energia são obtidos a partir da fotossíntese, enquanto os nutrientes minerais são absorvidos a partir do solo. Os nutrientes minerais acumulam-se nos diferentes compartimentos celulares, podendo atuar como reguladores do metabolismo. Podem ainda ser armazenados até o momento de serem incorporados ao metabolismo celular, quando potencialmente podem vir a integrar mais de 100 mil diferentes moléculas orgânicas.

O nitrogênio representa o elemento mineral exigido em maiores quantidades pelos vegetais, sendo a sua disponibilidade frequentemente limitante ao crescimento de plantas cultivadas ou silvestres. Esse elemento faz parte da estrutura de um grande número de moléculas importantes para as células, tais como os aminoácidos, as proteínas estruturais e enzimáticas, ácidos nucleicos (DNA, RNA) e clorofilas. Ele afeta o processo fotossintético e a germinação das sementes, uma vez que o desenvolvimento do embrião é suprido pelo catabolismo das substâncias de reserva. Nos tecidos de reserva, as proteínas são hidrolisadas gerando aminoácidos e amidas que são transportados até o eixo embrionário, cuja função é retomar o crescimento e formar um novo indivíduo adulto. Tais substâncias serão a base de construção das proteínas do embrião em desenvolvimento. À medida que a plântula se desenvolve, passa a incorporar carbono e a absorver nitrogênio através do sistema radicular em expansão – as vias metabólicas do carbono e do nitrogênio estão interligadas de várias maneiras. Ambas utilizam a energia e são moduladas de forma paralela e coordenada nas plantas superiores. Durante a fase de crescimento vegetativo mais intensa, grande parte das moléculas orgânicas nitrogenadas é incorporada à estrutura e ao metabolismo da planta. Os cloroplastos contêm cerca de 75% do nitrogênio foliar e metade da proteína foliar encontra-se nos cloroplastos. Quando se inicia a fase reprodutiva, grande parte do nitrogênio integrante dos tecidos vegetativos é transferida para os frutos em desenvolvimento, num processo denominado remobilização. Em muitas plantas, a sustentação dos frutos depende da degradação e senescência das partes vegetativas.

Com exceção dos últimos cem anos, a principal limitação na produção agrícola foi o fornecimento de nitrogênio para o crescimento de plantas. No ciclo natural do nitrogênio, a maior parte do nitrogênio presente como um gás inerte (N_2) da atmosfera é fixada lentamente no solo em formas que podem ser utilizadas como nutrientes pelas plantas. As atividades humanas, incluindo a produção de fertilizantes nitrogenados, a combustão de combustíveis fósseis e outras atividades, no entanto, aumentaram substancialmente as quantidades de nitrogênio fixado por ano em níveis que rivalizam com as taxas de fixação do nitrogênio natural. O aumento dos níveis de fixação de nitrogênio já teve efeitos sobre o ambiente, os ecossistemas terrestres e os ecossistemas aquáticos. A maioria dos efeitos é problemática, mas o aumento da adubação nitrogenada claramente tornou ecossistemas agrícolas mais produtivos. Fertilizantes nitrogenados foram essenciais para os ganhos de produtividade da Revolução Verde.

Até o século XIX, a única grande intervenção que os agricultores podiam fazer para aumentar o fornecimento de nitrogênio para as plantas de determinada cultura residia na utilização do esterco, na rotação de culturas com leguminosas como o trevo (gênero *Trifolium*), na aplicação de sais, como nitrato de sódio e materiais naturais, como o guano – resultado do acúmulo de excremento e cadáveres de aves marinhas. Essas fontes, porém, eram limitadas e, portanto, muito caras. Mesmo diante de bilhões de toneladas de nitrogênio inerte presentes no ar, era impossível usar esse material para aplicação na produção de alimentos. A maior parte do nitrogênio existente na biosfera não se encontra diretamente acessível às plantas. O nitrogênio molecular (N_2), apesar de ser o gás mais abundante da atmosfera (78%), não pode ser utilizado pelas plantas para a construção de suas biomoléculas, por ser uma molécula estável e pouco reativa.

Entre os anos 1909 e 1919 aconteceu uma mudança comparável àquela que ocorreu durante a Revolução Neolítica, quando os humanos deixaram de ser coletores-caçadores nômades e transformaram-se em agricultores fixados em comunidades. Nesse período tornou-se possível, pela primeira vez, a produção de nitrogênio em larga escala, com enormes consequências para a agricultura e toda a cultura humana. Em 1909, o químico suíço Fritz Haber (1868-1934) descobriu uma maneira relativamente barata de sintetizar a amônia (NH_3) a partir do nitrogênio atmosférico e do hidrogênio

(H_2); com a oxidação da amônia, em presença de catalisador, é obtido o ácido nítrico. Em 1913, Carl Bosch (1874-1940), engenheiro químico alemão, desenvolveu uma forma de intensificar o processo de Haber, levando o experimento de laboratório a um processo industrial de larga escala. Assim, o processo Haber-Bosch permitiu a realização da adubação nitrogenada de baixo custo, pela primeira vez. Haber ganhou um prêmio Nobel em 1918, pela síntese de amônia, e Bosch, em 1931, pelo desenvolvimento de métodos químicos de alta pressão.

Embora muitos novos produtos químicos tenham sido inventados nos séculos XIX e XX, nenhum teve mais impacto na agricultura do que o processo Haber-Bosch de produção de fertilizantes nitrogenados. Duas décadas após o início da fabricação em larga escala, o uso de fertilizantes nitrogenados sintéticos já estava amplamente disseminado.

FERTILIZANTES E MANIPULAÇÃO GENÉTICA

Sabe-se que quase tudo o que se come hoje teve sua origem em menos do que uma dúzia de centros de extrema diversidade genética, denominados Centros de Valvilov em homenagem a um botânico russo que se dedicou a esse assunto durante a década de 20 do século XX. Nicolai Ivanovich Vavilov (1887-1943) mostrou que certas áreas do mundo concentram a maior diversidade genética das espécies: Mediterrâneo, Oriente Próximo, Afeganistão, Indo-Birmânia, Malásia-Java, China, Guatemala-México, os Andes Peruanos e a Etiópia. Salvo raras exceções, o mundo industrializado não tem grandes centros de biodiversidade. Os grandes reservatórios genéticos utilizados como recursos para melhoramento vegetal estão, portanto, no Terceiro Mundo.

Os agricultores observaram ao longo dos séculos que alguns indivíduos de determinada espécie conseguem sobreviver relativamente incólumes a doenças ou ataques de insetos, enquanto seus vizinhos sucumbem à infecção ou à predação. Em 1905, *Sir* Roland Biffen (1894-1949), da Universidade de Cambridge, Inglaterra, queria saber se as plantas saudáveis podiam herdar a resistência a pragas, assim como herdavam as características morfológicas. Seus experimentos com duas variedades de trigo mostraram que a capacidade de resistir à infecção por um fungo da ferrugem foi realmente herdada, descoberta que intensificou as tentativas por parte dos agricultores e criadores de plantas para a produção de variedades resistentes às pragas. Tentativas similares continuam sendo feitas atualmente e envolvem o rastreamento de grande número de variedades para identificar aquelas que são resistentes a determinadas pragas. Variedades resistentes são então cruzadas com as que são desejáveis por outras razões – por exemplo, maior produção de grãos por hectare. A seleção cuidadosa e repetitiva pode eventualmente gerar variedades que são de alto rendimento e resistentes a determinadas pragas. O processo, porém, é extremamente lento, e levam-se muitos anos para trazer uma nova variedade para o mercado.

De modo geral, os programas públicos e privados de melhoramento genético se orientavam para a maior lucratividade do agricultor. Entretanto, o desenvolvimento de novas variedades se deu simultaneamente ao desenvolvimento da indústria química dirigida à agricultura. A procura por plantas cada vez mais produtivas orientou a criação de variedades cada vez mais distantes geneticamente daquelas encontradas nos seus centros de origem e/ou de diversificação. Assim, o melhoramento genético clássico, sempre baseado em cruzamento flor a flor e seleção, muitas vezes tinha que ir buscar nas espécies ancestrais determinados genes para resistência a doenças e pragas, já perdidos pelo intenso processo de seleção, e reincorporá-los às variedades modernas.

Com a possibilidade de nitrogênio barato, agricultores e cientistas agrícolas confrontaram outro fator limitante no processo de manipulação de espécies vegetais: os genes que regulam as características das plantas. As principais culturas de cereais (milho, arroz e trigo) tinham servido bem à humanidade durante milhares de anos, mas os agricultores continuaram plantando sementes das variedades que produziam bem em condições limitadas de nitrogênio. Essas variedades tradicionais eram perfeitamente funcionais e estáveis, e em condições normais geravam 0,5 a 1 tonelada por hectare ao ano, sem adição de fertilizante nitrogenado. Arroz e trigo foram particularmente problemáticos, uma vez que, se um agricultor fornecesse nitrogênio extra a culturas das variedades tradicionais, as espigas seriam maiores e com maiores grãos, mas as hastes das plantas cresceriam finas e longas, de modo que o peso extra das espigas faria a planta colapsar.

Em 1920, os cientistas ingleses Roland Biffen (1874-1949) e Frank Engledow (1890-1985), da Universidade de Cambridge, afirmavam que o objetivo da genética moderna seria produzir variedades genéticas de trigo que respondessem à adubação nitrogenada. Suas ideias, porém, não tiveram grande alcance, e até meados da década de 30 do século XX esses novos avanços em genética de plantas e manejo da fertilidade do solo não foram implementados em larga escala pelos agricultores comerciais. O uso de fertilizantes nitrogenados sintéticos começou a aumentar gradualmente a partir de 1920, mas, salvo poucas exceções, ainda não estava sendo dirigido para as culturas de trigo e arroz.

Pouco antes de 1940, melhoristas chineses e japoneses estavam fazendo exatamente o que Biffen e Engledow haviam recomendado, procurando variedades genéticas de arroz e trigo que aumentassem o rendimento em grãos, mas sem apresentar características adversas quando o nitrogênio extra era administrado.

Melhoramento vegetal inclui técnicas como a seleção de plantas com características desejáveis, autopolinização e polinização cruzada, além de técnicas moleculares que modificam geneticamente um organismo. Criteriosas seleção e reprodução tiveram enormes efeitos sobre as características das plantas cultivadas. A seleção e o melhoramento de plantas nas décadas de 20 e 30 do século XX e a seleção de mutações intencionalmente induzidas por exposição a raios X e radiação ultravioleta (uma forma primitiva de engenharia genética) durante a década de 50 do século XX foram esforços para produzir as modernas variedades comerciais de cereais, como trigo, milho e cevada.

Com esses trabalhos e outros que se seguiram, as teorias de Gregor Mendel (1822-1884) sobre a herança genética de características passaram a ser relacionadas com os processos químicos inventados na Alemanha por Haber e Bosch.

A REVOLUÇÃO VERDE

A expressão Revolução Verde foi criada em 1960 por William Gaud, então diretor da Agência Norte-Americana para o Desenvolvimento Internacional (U.S. Agency for International Development – Usaid). A origem do movimento, porém, é anterior a essa data.

A eclosão da Segunda Guerra Mundial aumentou muito o interesse por nitrogênio sintético e pela genética de plantas. Como consequência do conflito, a produção agrícola foi perturbada, a mão de obra dos campos passou a servir os exércitos, os combates impediam a plantação e a colheita, produções foram destruídas para não fornecer alimento ao inimigo e rotas comerciais foram bloqueadas. Em vista de tudo isso, os governos assumiram o controle de todas as colheitas porque sabiam do seu valor estratégico. Presidentes, primeiros-ministros e demais líderes passaram a cuidar diretamente dos detalhes da produção agrícola, frequentemente confrontando a questão da oferta de alimentos para as populações civis e militares.

A Fundação Rockefeller tinha uma estação experimental agrícola na China desde 1920. A eclosão da guerra e a invasão da China pelos japoneses, porém, forçaram a fundação a fechar suas operações naquele país, que passou a atuar no hemisfério ocidental. Em 1940, o governo americano procurou melhorar suas relações com o México, e uma das maneiras de realizar isso envolveu a Fundação Rockefeller, que estabeleceu o Programa Agrícola do México em 1943. O novo presidente mexicano Manuel Ávila Camacho (1897-1955) queria o programa e objetivava também estreitar relações com os Estados Unidos. Assim, o Programa Agrícola mexicano satisfazia ao México, aos Estados Unidos e à Fundação Rockefeller. Esse foi o embrião da Revolução Verde, de alcance não vislumbrado no momento em que começou a operar.

O Programa Agrícola para o México investiu principalmente no melhoramento de trigo e milho. Foi fundado o

Instituto de Estudos Especiais, e Norman E. Borlaug (1914--2009) foi contratado para dirigir os esforços de melhoramento do trigo, uma escolha que teve efeitos de longo alcance sobre o rendimento de trigo no México e no mundo após o fim da Segunda Guerra Mundial. O Instituto de Estudos Especiais no México tornou-se informalmente uma instituição de pesquisa internacional em 1959 e, em 1963, tornou-se formalmente o Centro Internacional de Melhoramento de Milho e Trigo (International Maize and Wheat Improvement Center – Cimmyt). Por força de formação científica e de personalidade, Borlaug se tornou o principal motor científico da Revolução Verde. Como resultado, o México tornou-se um grande exportador de trigo em 1963.

A Revolução Verde levava a modernização da agricultura a países menos industrializados por meio da transferência tecnológica. Era uma oposição à Revolução Vermelha dos comunistas, cujas pobreza e miséria poderiam ameaçar os interesses geopolíticos dos Estados Unidos e de outras potências ocidentais. Com o considerado sucesso da experiência de desenvolvimento agrícola no México, a Fundação Rockefeller começou a espalhar a Revolução Verde para outras nações.

Em 1960, o Governo da República das Filipinas, associado às Fundações Ford e Rockefeller, fundou o Instituto Internacional de Pesquisa de Arroz (International Rice Research Institute – Irri). Um programa de cruzamento entre duas variedades de arroz, a *dee-geo-woo-gen* e a *peta*, foi instituído pelo Irri em 1962, e, em 1966, uma das linhagens tornou-se um novo cultivar, IR8. O cultivar IR8, semianão, necessitava do uso de fertilizantes e pesticidas, mas produziu rendimentos substancialmente mais elevados do que os cultivares tradicionais. A mudança para arroz IR8 tornou as Filipinas um exportador de arroz pela primeira vez no século XX, mas, ao mesmo tempo, trouxe como consequência a redução do número de espécies de peixes e de rãs encontrados em arrozais, pela utilização de pesticidas pesados em larga escala.

Em 1961, apesar das dificuldades burocráticas impostas pelos monopólios de grãos na Índia, a Fundação Ford e o governo indiano colaboraram para importar grãos de trigo do Cimmyt, sediado no México. A região de Punjab foi selecionada pelo governo indiano para ser o primeiro local a tentar as novas culturas por causa de seu abastecimento de água confiável e de sua história de sucesso na agricultura. Foi adotado o cultivar IR8, já mencionado. Sua produção rendeu cerca de 5 toneladas por hectare, sem adubação, e quase 10 toneladas por hectare em condições ideais. Isso correspondia a dez vezes o rendimento do arroz tradicional. O IR8 foi um sucesso em toda a Ásia, e apelidado de *miracle rice* (arroz milagroso). Na década de 60 do século XX, os rendimentos de arroz na Índia foram cerca de 2 toneladas por hectare, em meados da década de 90 subiram para 6 toneladas por hectare. Na década de 70, o custo do arroz era US$ 550 a tonelada, e, em 2001, custava menos de US$ 200 a tonelada. A Índia tornou-se um dos maiores produtores de arroz do mundo e desde 2006 é um grande exportador, vendendo para outros países quase 4,5 milhões de toneladas.

Também no início da década de 60 do século XX, a população de Portugal estava à beira de uma catástrofe, da fome em massa. O país começou e teve muito sucesso com o próprio programa de Revolução Verde de melhoramento genético, desenvolvimento da irrigação e financiamento de agrotóxicos.

Houve e há numerosas tentativas de introduzir na África programas semelhantes aos modelos mexicano e indiano. Esses programas geralmente foram malsucedidos por uma série de razões – a corrupção generalizada, a insegurança, a falta de infraestrutura e uma falta geral de vontade por parte dos governos dos países envolvidos. Mas, como se isso não bastasse, há também fatores ambientais – a disponibilidade de água para irrigação, a alta diversidade em declive e os tipos de solo disponíveis. Um programa recente na África Ocidental tenta introduzir uma nova variedade de arroz de alta produtividade conhecido como "novo arroz para a África" (*new rice for Africa* – Nerica), desenvolvido pela Associação para o Desenvolvimento do Cultivo de Arroz da África Ocidental (West Africa Rice Development Association – Warda) para melhorar o rendimento das variedades de arroz africano. Apesar de 240 milhões de pessoas na África Ocidental dependerem do arroz como fonte primária de energia alimentar e proteína em sua

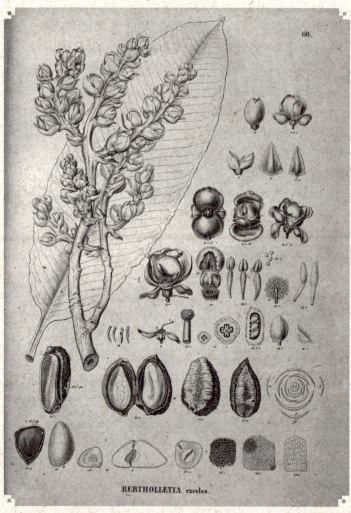

CASTANHA-DO-PARÁ (*Bertholletia excelsa*).
Fonte: *Flora brasiliensis*, vol. XIV, parte I, fasc. 18:2, prancha 60, 1858.

dieta, a maior parte do arroz é importada, a um custo de US$ 1 bilhão. O arroz Nerica tem rendimento 30% maior que o arroz comum em condições normais, mas pode dobrar a produtividade com pequenas quantidades de fertilizantes e irrigação. As novas variedades de arroz, que são adequadas para as terras secas, foram distribuídas e plantadas em mais de 200 mil hectares nos últimos cinco anos na Guiné, Nigéria, Costa do Marfim e Uganda, de acordo com o relatório do Warda. Embora isso represente um grande avanço, ainda é aquém da crescente demanda para o arroz como alimento básico.

CARACTERÍSTICAS PRIMÁRIAS E SECUNDÁRIAS DAS NOVAS VARIEDADES

Fertilizantes, principalmente nitrogênio, e água compõem o coração dos rendimentos das novas variedades de trigo e arroz. Essa é a característica primária delas, todas as outras propriedades são secundárias. Cultivares de milho, trigo e arroz, conhecidos como variedades de alto rendimento (*high yelding varieties* – HYV), têm um potencial maior de absorção de nitrogênio do que os outros. No entanto, como os cereais que absorveram nitrogênio extra têm tendência a tombar e cair antes da colheita, foram selecionados os genes de seminanismo em seus genomas. O cultivar de trigo japonês anão (*10 Norin wheat*) foi fundamental no desenvolvimento de cultivares de trigo da Revolução Verde. O fato de que as novas variedades devem ser cultivadas sob irrigação tornam a gestão adequada da água um ponto crítico. Somente com a irrigação o agricultor pode ter a garantia de que a quantidade adequada de água estará disponível na hora certa. A irrigação tornou-se uma razão para que novas variedades, principalmente de arroz, não sejam introduzidas de imediato em todas as áreas. Essa falta de acesso a novas variedades é uma das críticas mais severas à Revolução Verde.

As novas variedades de alto rendimento do trigo e do arroz também têm outras propriedades que afetam o seu crescimento potencial e o seu manejo. Praticamente todas as plantas cultivadas sofrem ataques de insetos, ervas daninhas e patógenos (fungos, bactérias e vírus). As variedades de alto rendimento não são exceção. O controle genético de doenças fúngicas no trigo é particularmente importante, e as variedades mexicanas incorporaram melhor resistência a fungos do que muitas variedades tradicionais naturalmente têm. O cultivar IR8, já mencionado, era suscetível ao vírus baciliforme do tungro do arroz (*rice tungro bacilliform virus* – RTBV); as novas variedades do arroz liberadas posteriormente incorporaram um melhor controle de patógenos de plantas. No entanto, essa doença viral continua sendo um problema, assim como muitas outras. Além disso, o controle de insetos que atacam as plantações de arroz tem sido uma necessidade constante desde 1960.

Outro exemplo de característica secundária do trigo e do arroz é a insensibilidade ao fotoperíodo. Muitas plantas possuem proteínas fotorreceptoras, denominadas fitocromo, que são sensíveis às mudanças sazonais na duração do dia e da noite, o fotoperíodo. Esse fenômeno regula diversos processos fisiológicos. Plantas fotoperiódicas são classificadas como plantas de dia longo e plantas de dia curto. Esse processo é controlado por genes tanto em trigo como em arroz, porém os pesquisadores encontraram variedades em que a sensibilidade ao fotoperíodo foi diminuída ou é ausente. Normalmente, o trigo é considerado uma planta de dia longo e o arroz, de dia curto. A insensibilidade permite que os agricultores façam suas culturas crescerem em qualquer fotoperíodo e em qualquer época do ano, desde que as temperaturas sejam adequadas. Assim, a insensibilidade abriu as portas para várias culturas. Em vez de uma ou no máximo duas safras por ano, agora é possível, em algumas áreas, a obtenção de três ou até quatro colheitas por ano. A terra lavrada é utilizada de forma mais intensa e há aumento da produtividade.

PRODUÇÃO AGRÍCOLA E SEGURANÇA ALIMENTAR

Os efeitos da Revolução Verde sobre a segurança alimentar mundial são difíceis de compreender em razão da complexidade envolvida nos sistemas alimentares. Desde o seu início, a população do mundo cresceu cerca de 4 bilhões, e o aumento da produção – pelo qual é amplamente creditada – alimentou milhões de pessoas e ajudou a evitar a fome generalizada. O cidadão médio no mundo em desenvolvimento consome hoje cerca de 25% de calorias a mais por dia do que antes da Revolução Verde.

Projetos no âmbito das tecnologias verdes espalhadas pela Revolução Verde já existiam antes dela, mas não haviam sido amplamente utilizados fora dos países industrializados. Essas tecnologias incluem pesticidas, projetos de irrigação, fertilizantes nitrogenados sintéticos, métodos de melhoramento com base científica e variedades melhoradas desenvolvidas por meio do método convencional (sem uso da biotecnologia).

A produção de cereais mais do que dobrou nos países em desenvolvimento entre os anos de 1961 e 1985; o arroz, o milho e o trigo produzidos aumentaram de forma constante durante esse período. Esse aumento pode ser atribuído tanto à irrigação e aos fertilizantes, quanto às sementes e ao desenvolvimento, pelo menos no caso do arroz asiático. Entre 1950 e 1984, a Revolução Verde transformou a agricultura ao redor do globo e, como consequência, a produção mundial de grãos cresceu 250%. Portugal registrou um aumento de produção anual de trigo de 10 milhões de toneladas em 1960 para 73 milhões de toneladas em 2006.

Assim, a Revolução Verde surgiu de uma combinação de condições científicas, tecnológicas e geopolíticas. O termo é geralmente limitado ao advento de variedades de alto rendimento de trigo e de arroz em países menos industrializados. É importante reconhecer, porém, que a tecnologia da Revolução Verde consistiu essencialmente no desenvolvimento de variedades bem-sucedidas que foram extremamente sensíveis à adubação nitrogenada e à água, devidamente geridas. Essas variedades atualmente fornecem a maioria dos grãos de cereais no mundo, tanto nos países altamente industrializados quanto nos menos industrializados.

A REVOLUÇÃO VERDE E OS IMPACTOS AMBIENTAIS

Embora a produção agrícola tenha aumentado como resultado da Revolução Verde, a entrada de energia no processo – isto é, a energia que deve ser gasta para produzir uma safra – também aumentou. E aumentou a uma maior taxa, de modo que a relação entre culturas produzidas e energia consumida tem diminuído ao longo do tempo. Técnicas da Revolução Verde dependem muito de fertilizantes químicos, pesticidas e herbicidas, muitos dos quais devem ser desenvolvidos a partir de combustíveis fósseis, tornando a agricultura mais dependente dos produtos petrolíferos. Mais de um terço dos combustíveis fósseis consumidos pela agricultura é utilizado para a fabricação de fertilizantes sintéticos. O pico de produção de petróleo será o momento em que a taxa máxima de extração de petróleo global for atingida, após o qual a taxa de produção entrará em declínio terminal; mesmo com a descoberta de novas fontes produtoras, esse ponto certamente será atingido ainda neste século. Os defensores da teoria do *peak oil* (pico de petróleo) temem que um declínio futuro de petróleo e da produção de gás leve a um colapso no sistema de produção agrícola nos moldes atuais, com declínio na produção de alimentos, e a um aumento generalizado dos preços.

Os impactos da irrigação no meio ambiente dependerão do tipo de irrigação, da fonte de água superficial ou subterrânea, da sua forma de armazenamento, dos sistemas de transmissão e distribuição, e de métodos de entrega ou de aplicação ao campo. Há milhares de anos, foi usada para irrigação a água de superfície, principalmente de rios. Em alguns países, a irrigação ainda constitui um dos principais investimentos do setor público. Projetos de irrigação em grande escala, utilizando as águas subterrâneas, são um fenômeno recente, dos últimos trinta anos. Eles são encontrados principalmente em grandes bacias aluviais do Brasil, Paquistão, Índia e China, onde poços são utilizados para explorar o lençol freático, além de sistemas de irrigação que utilizam água de superfície.

A maioria dos impactos ambientais negativos dos projetos de irrigação em grande escala inclui saturação e salinização dos solos, com maior incidência de doenças transmitidas por alimentos e relacionadas à qualidade da água, mudanças no estilo de vida das populações locais, aumento do número de pragas agrícolas e doenças, e criação de um microclima mais úmido. A expansão e a intensificação da agricultura que prevê irrigação podem causar aumento da erosão e poluição das águas superficiais e subterrâneas com inseticidas agrícolas, redução da qualidade da água e a eutrofização em canais de irrigação e drenagem. A eutrofização é o fenômeno que ocorre quando os fertilizantes e outros nutrientes entram nas águas paradas de um lago ou em um rio de águas lentas causando um rápido crescimento de plantas superficiais, especialmente das algas. Esses poluentes orgânicos constituem nutrientes para as plantas aquáticas, que transformam a água em algo semelhante a um caldo verde, fenômeno também conhecido por floração das águas. À medida que essas plantas crescem, formam um tapete que pode cobrir a superfície, isolando a água do oxigênio do ar e provocando a desoxigenação da água. O resultado é a exigência de maiores quantidades de agroquímicos para controlar o crescente número de pragas e doenças das culturas.

Grandes projetos de irrigação e barragens que desviam as águas dos rios têm o potencial de causar perturbações ambientais significativas, como resultado de mudanças na hidrologia e limnologia das bacias hidrográficas. Ao reduzir o fluxo do rio, alterando o uso da terra e a ecologia do aluvião, são interrompidas as práticas de pesca no rio e no estuário, permitindo a intrusão de água salgada no rio e nas águas subterrâneas de terras circunvizinhas. O desvio e a perda de água decorrentes da irrigação reduzem o volume de água dos rios, prejudicando os usuários – municípios, indústrias e agricultores. A redução do fluxo do rio também reduz a diluição de efluentes urbanos, causando poluição e riscos à saúde. A deterioração da qualidade da água em virtude de um projeto de irrigação pode torná-la inutilizável para outros usuários.

O risco de impactos ambientais negativos surge do uso excessivo da água subterrânea para irrigação, ao serem retiradas quantidades maiores do que o índice de recuperação. Isso diminui o nível das águas subterrâneas, causando aluviamento de terras e redução da qualidade da água pela intrusão de águas salgadas em áreas costeiras.

A Revolução Verde, como já foi mencionado, foi acompanhada por um aumento da utilização de pesticidas. Um dos problemas foi a utilização do grupo dos pesticidas organoclorados, incluindo DDT e dieldrin, substâncias que não são facilmente assimiladas pelo ambiente e se acumulam na cadeia alimentar.

Os pesticidas têm despertado debates particularmente calorosos. Embora os pesticidas tenham sido mais utilizados em culturas de frutas, legumes e algodão, não tradicionais da Revolução Verde, que foi mais voltada para a produção de grãos, houve um aumento da utilização de herbicidas para culturas de trigo e arroz, e de inseticidas para arroz. Os críticos apontaram danos à saúde humana, à pecuária e aos animais selvagens. Em muitos casos, os cientistas são capazes de apresentar alternativas eficazes de controle de pragas com base na resistência genética das culturas e nas práticas alternativas de produção. Do ponto de vista do agricultor, porém, os maiores rendimentos tornaram possível e economicamente desejável o investimento em pesticidas.

No entanto, se usados de modo incorreto, os pesticidas são uma ameaça porque a maioria deles tem propriedades nocivas à saúde e ao meio ambiente. Tanto os homens como os animais podem realmente sofrer com a exposição. Trabalhadores das indústrias produtoras de pesticidas e agricultores que os aplicam sofrem diretamente com a exposição; a exposição indireta, porém, ocorre em transeuntes e animais que podem aspirá-lo no momento da pulverização. Resíduos de pesticidas podem estar presentes nos produtos agrícolas e na água corrente. O solo e a água podem igualmente ser contaminados pelo derrame, pela dispersão dos pesticidas no solo, pelo escoamento simultâneo ou consecutivo da limpeza dos equipamentos e também pela eliminação sem controle de resíduos e embalagens. A aplicação indiscriminada de inseticidas, como DDT, pode induzir o surgimento de cepas de mosquitos resistentes, reduzindo a eficácia dos programas antimalária baseados na eliminação do vetor pela aplicação desse inseticida.

Ao favorecer algumas variedades, a revolução levou à perda de biodiversidade agrícola, especialmente em cultivares locais. Algumas propriedades genéticas que levaram centenas de milhares de anos para evoluir foram ameaçadas de extinção. Essa homogeneização da produção de alimentos gerou temores sobre a resistência ao aparecimento de novos patógenos. Para responder a essas questões, foram criados vários bancos de sementes, como o Instituto Internacional de Recursos Fitogenéticos (International Plant Genetic Resources Institute – IPGRI).

As opiniões divergem quanto aos efeitos da Revolução Verde sobre a biodiversidade. O uso intensivo do solo e a utilização de insumos químicos têm certamente perturbado o equilíbrio dos ecossistemas locais. Argumenta-se que a produção crescente em áreas do mesmo tamanho impediu o aumento excessivo da agricultura sobre terras ainda não cultivadas.

A heterogeneidade – a diversidade e a complexidade da paisagem – está associada à diversidade de espécies vegetais e animais. Por exemplo, as abelhas dependem das plantas para obter o pólen, e as plantas necessitam das abelhas para a sua reprodução. A fragmentação e a perda de área de um *habitat* provocam alterações tanto na estrutura como na composição das assembleias de plantas da vegetação original, com diminuição da riqueza de espécies. As interações entre animais e vegetação ficam prejudicadas. Por exemplo, árvores com sementes grandes, dispersas por animais vertebrados que não têm mais condições de viver no seu *habitat* degradado, são extremamente vulneráveis ao colapso demográfico. Uma parte importante da manutenção da heterogeneidade é obtida nos espaços entre as diferentes áreas de plantio, composta de vegetação nativa preservada, matas de galeria, lagoas e terras em descanso, entre outros. Esses pedaços de terra aparentemente sem importância são cruciais para a biodiversidade de uma área de plantio. A presença dessas áreas nas margens das de cultivo atraem insetos, que por sua vez atraem determinadas espécies de aves, seguidas de seus predadores naturais. Além disso, se essas áreas forem bem planejadas, permitirão que os animais circulem por toda a paisagem. Na ausência de cobertura, as espécies enfrentam um cenário em que seu *habitat* é muito fragmentado. O isolamento de uma espécie em pequeno *habitat* que não permite mobilidade de forma segura pode criar um gargalo genético, diminuindo a resistência da população em particular, além de ser outro fator (principal) para o declínio da população total da espécie. A monocultura, a prática de produzir uma única cultura em uma área ampla, é a principal causa da fragmentação.

Após a introdução generalizada da mecanização da lavoura, a monocultura se tornou uma prática-padrão e teve amplas implicações para a sustentabilidade e a biodiversidade em longo prazo. Antes de ser possível a síntese de fertilizantes químicos, os adubos orgânicos mantinham os nutrientes do solo relativamente constantes para determinado ecossistema; tudo o que saía desse ecossistema acabava retornando ao solo por meio dos resíduos das colheitas e das fezes dos animais. Com a introdução da monocultura, os nutrientes do solo passaram a ser consumidos em larga escala e os agricultores compensaram essa perda utilizando fertilizantes inorgânicos. Assim, estima-se que, a partir da década 70 do século XX, os seres humanos passaram a promover o dobro da taxa de entrada de nitrogênio que ocorreria no ciclo natural de nitrogênio. Como resultado, os processos biológicos controlados pelo ciclo do nitrogênio mudaram em função dos nutrientes introduzidos, e o nitrogênio lixiviado de solos tornou-se uma fonte de poluição.

A comunidade internacional reconheceu claramente os impactos negativos da expansão e intensificação da agricultura por meio da Declaração do Rio de Janeiro, assinada por 189 países em 1992. Essa declaração foi elaborada durante a Conferência das Nações Unidas sobre Meio Ambiente e Desenvolvimento (CNUMAD), no Rio de Janeiro, em 1992, também conhecida por Rio 92. Ela nasceu com o objetivo de estabelecer uma nova e justa parceria global mediante a criação de novos níveis de cooperação entre os Estados, a sociedade e os indivíduos, trabalhando pela criação de acordos internacionais que respeitem os interesses de todos e protejam a integridade do sistema global de meio ambiente e desenvolvimento. Ao todo, são 27 princípios do documento, entre eles o do *desenvolvimento sustentável*.

Ainda na Rio 92, a Convenção sobre a Diversidade Biológica (CDB) foi assinada por 175 países, dos quais 168 a ratificaram, incluindo o Brasil (Decreto nº 2.519, de 16 de março de 1998), iniciando as ações que colocariam os interesses da biodiversidade no centro dos esforços globais, regionais e nacionais para o desenvolvimento sustentável e a erradicação da pobreza. A CDB propõe regras para assegurar a conservação da biodiversidade, o uso sustentável e a justa repartição dos benefícios provenientes do uso econômico dos recursos genéticos, respeitada a soberania de cada nação sobre o patrimônio existente em seu território, e tem gerado inúmeros planos de ação nacionais para a conservação da biodiversidade.

BIOCOMBUSTÍVEIS

Biocombustíveis são combustíveis produzidos a partir da matéria orgânica obtida de fontes renováveis. Essa matéria orgânica, ou biomassa, consiste de produtos vegetais ou compostos de origem animal. As fontes mais conhecidas no mundo são cana-de-açúcar, milho, soja, girassol, madeira e celulose. A partir dessas fontes é possível produzir biocombustíveis como o álcool hidratado, álcool anidro e o *biodiesel*.

Biomassa é a quantidade de material vivo existente em determinada área e em determinado momento, geralmente expressa em unidades de energia ou no peso seco de matéria orgânica não fóssil. Biomassa pode também ser definida como o material vegetal orgânico que armazenou a energia do Sol na forma de energia química. A biomassa voltada para a geração de fontes alternativas de energia pode ter diversas fontes de resíduos como origem. As plantas terrestres e aquáticas, os resíduos agropecuários e florestais, os óleos vegetais, os resíduos urbanos provenientes de aterros sanitários e lodo de esgoto, alguns resíduos da indústria madeireira, de alimentos e bebidas, de papel e celulose, e beneficiamento de grãos, todas essas fontes têm potencial para a produção de energia.

O Brasil e vários outros países do mundo geram uma enorme e contínua quantidade de biomassa resultante da produção agrícola, e a energia química armazenada nesses resíduos pode ser utilizada em processos industriais para produção de combustíveis líquidos. O etanol pode ser produzido por processos de fermentação de milho, cana-de-açúcar, trigo ou beterraba. O beneficiamento do óleo de vegetais como pupunha, soja, mamona, dendê, babaçu, canola e amendoim pode transformar o produto obtido em substituto para o óleo *diesel* como fonte de energia.

Em 2006, os Estados Unidos eram o maior produtor de etanol (36% da produção mundial), seguidos do Brasil (33,3%), China (7,5%), Índia (3,7%), França (1,9%) e Alemanha (1,5%). A produção total de 2006 atingiu 55 bilhões de litros. O *biodiesel* é produzido geralmente a partir de óleos de plantas que são cultivadas para esse fim. O principal produtor de *biodiesel* no mundo é a Alemanha, que responde por 63% da produção mundial, seguida da França (17%), Estados Unidos (10%), Itália (7%) e Áustria (3%).

O etanol e o *biodiesel* são combustíveis produzidos a partir de fontes renováveis, ao contrário do gás natural e do petróleo, o qual, existente em depósitos sob o solo e no fundo do mar, se torna cada vez mais raro, é finito e seus preços tendem a subir. Os biocombustíveis nem sempre substituem os combustíveis derivados do petróleo, mas podem ser usados como aditivos e como complemento dos combustíveis fósseis. Alguns países, como o Brasil, já utilizam a adição do etanol à gasolina e do *biodiesel* ao *diesel*, como forma de minimizar a poluição do ar e melhorar a qualidade do combustível. Sua produção pode ser controlada: planta-se mais, em caso de maior demanda, ou menos, em momentos de oferta excessiva.

O uso de biocombustíveis tem impactos ambientais positivos e negativos. Os impactos negativos fazem com que, apesar de ser uma forma de energia renovável, os biocombustíveis não sejam considerados por muitos especialistas como uma energia limpa e, portanto, não é uma energia verde. Os biocombustíveis podem ser qualificados como de primeira, segunda e terceira produções.

Na chamada *primeira produção* de biocombustíveis, a mais generalizada nos países desenvolvidos, são utilizadas sobras de outras atividades agrícolas.

Na *segunda produção*, comum em muitos países em desenvolvimento, especialmente no Sudeste Asiático, estão sendo destruídas áreas florestais para dar lugar a plantações que darão origem a biocombustíveis, o que é uma razão para não considerar o bicombustível uma energia limpa. A consequência disso é justamente o oposto do que se pretendia alcançar com os biocombustíveis, pois as florestas têm mais capacidade de absorver o carbono do que as culturas utilizadas na produção.

Uma possível solução, conhecida como *terceira produção*, é uma tecnologia ainda não totalmente madura, que utiliza resíduos agroindustriais ricos em hemiceluloses, evitando a diminuição de áreas de cultivo de alimentos para aumentar a área para produção de biocombustíveis. Um exemplo disso é a utilização de bagaço de cana-de-açúcar, polpa de beterraba açucareira, palha de trigo, sabugo das espigas de milho ou cascas de várias procedências por meio da hidrólise, que consiste em uma reação química que utiliza água (H_2O) e enzimas para quebrar uma molécula em duas outras moléculas. A hidrólise desses resíduos é mais complexa do que a utilização do amido para a produção de açúcares fermentáveis livres; portanto, requer maior quantidade de energia inicial para o processo de fermentação prévia dos compostos. O custo de produção, no entanto, é desprezível, considerando que são utilizados resíduos industriais normalmente descartados. A única tecnologia eficaz e limpa é a utilização de enzimas hemicelulolíticas. Há três pontos fundamentais que devem ser resolvidos e aperfeiçoados antes da aplicação dessa tecnologia:

1) a necessidade de encontrar enzimas mais estáveis e eficientes;
2) métodos menos destrutivos de imobilização de enzimas para uso industrial;
3) microrganismos capazes de fermentar eficientemente monossacarídeos provenientes de hemicelulose, principalmente xilose e arabinose.

Algumas fontes afirmam que o balanço líquido de emissões de dióxido de carbono com a utilização de biocombustíveis é nulo porque as plantas, por meio da fotossíntese, capturam CO_2 à medida que crescem – equivalente àquele emitido na combustão de biocombustíveis. Alguns opositores do uso de biocombustíveis em larga escala, porém, argumentam que estes têm sido propagandeados e considerados erroneamente como *neutros em carbono*. Argumentam que nos cálculos são ignorados os custos das emissões de CO_2 e de energia de fertilizantes e pesticidas utilizados nas colheitas, da manufatura dos utensílios agrícolas, do processamento e refinação, do transporte e da infraestrutura para distribuição. Os custos extras de energia e das emissões de carbono são ainda maiores quando os biocombustíveis são produzidos em um país e exportados para outro. De acordo com eles também não foi levada em consideração a enorme liberação de carbono do solo tornado orgânico pela cultura intensiva de cana-de-açúcar, que substitui florestas e terras de pastagem, as quais, se fossem regeneradas, poupariam mais de 7 toneladas de dióxido de carbono por hectare por ano do que o bioetanol poupa. Segundo um estudo do Gabinete Belga de Assuntos Científicos, o *biodiesel* provoca mais problemas de saúde e ambientais porque cria uma poluição mais pulverizada, liberando mais poluentes que promovem a destruição da camada de ozônio (Spirinckx & Ceuterick, 1996).

Outras causas são: os impactos ambientais devidos ao uso de fertilizantes e água necessários para as culturas, ao transporte da biomassa, ao processamento do combustível e à distribuição de biocombustíveis para o consumidor; degradação e acidificação do solo decorrentes do uso de vários tipos de fertilizantes; e risco de escassez de aquíferos e fontes naturais, uma vez que se estima que cada litro de etanol produzido consuma cerca de 4 litros de água.

De qualquer modo, os biocombustíveis produzidos com técnicas agrícolas e estratégias adequadas podem proporcionar uma economia de emissões de gases de efeito estufa de pelo menos 50% em comparação aos combustíveis fósseis, como *diesel* ou gasolina. Alguns processos de produção de biocombustíveis são mais eficientes do que outros em termos de consumo de recursos e poluição ambiental. Por exemplo, o cultivo de cana-de-açúcar requer o uso de menos fertilizantes do que o cultivo de milho, de modo que o ciclo de vida do bioetanol de cana-de-açúcar é mais eficiente que o produzido a partir do milho quanto à redução das emissões de gases que provocam o efeito estufa durante a sua queima. Além disso, o milho que deveria ser usado como alimento é utilizado como combustível.

O uso de biocombustíveis vegetais produz menos emissões nocivas de enxofre por unidade de energia do que o uso de produtos petrolíferos. Deve-se considerar, porém, que em determinadas circunstâncias, devido ao uso de fertilizantes sintéticos nitrogenados, a utilização de biocombustíveis/planta pode produzir mais emissões de óxido de nitrogênio que a utilização de produtos petrolíferos. Uma importante causa da poluição ambiental é precisamente o abuso desse tipo de adubo, muitas vezes decorrente da ignorância do agricultor. Para minimizar o impacto ambiental poderiam ser usados biocombustíveis na produção de fertilizantes nitrogenados, minimizando o consumo de combustíveis fósseis.

Apesar de não contar com terras agrícolas suficientes para o aumento da produção, a União Europeia estabeleceu que até 2010 seus países-membros deveriam adicionar 5,75% de *biodiesel* em seu combustível e, até 2015, essa meta seria de 8%. O governo dos Estados Unidos oferece incentivos fiscais para que a indústria aumente o percentual de *biodiesel* no *diesel* comum. Seria necessário, porém, utilizar 121% de toda a área agrícola dos Estados Unidos para substituir a demanda atual de combustíveis fósseis naquele país. Nesse contexto, o papel do Brasil seria fornecer energia barata para países ricos.

Estima-se que mais de 90 milhões de hectares de terras poderiam ser utilizados para produzir biocombustíveis, baseados principalmente na cultura da soja.

A PÓS-REVOLUÇÃO VERDE: AS PLANTAS GENETICAMENTE MODIFICADAS

Neste exato momento, vive-se uma revolução. Revolução feita de clones e plantas transgênicas, com o mesmo impacto sobre a humanidade e o meio ambiente que causou a Revolução Neolítica por volta de 8.500 anos atrás e a Revolução Verde no século passado.

Na esperança de evitar a destruição de suas culturas por adversidades climáticas e por pragas, os antepassados faziam sacrifícios aos deuses ou promessas aos santos. Os agricultores modernos usam outros métodos em suas tentativas para acabar com as pragas, incluindo práticas de melhoria da gestão, uso das técnicas tradicionais de reprodução para fortalecer suas culturas e pulverização de pesticidas e herbicidas nas suas lavouras. No entanto, alguns dos métodos usados amplamente no século passado têm elevados custos e desvantagens do ponto de vista financeiro e ambiental. Por exemplo, aragem excessiva pode causar erosão do solo, e pesticidas e herbicidas podem poluir o solo e a água, bem como contribuir para a extinção de várias espécies no entorno das culturas. Observam-se destruições sistemáticas de áreas de floresta natural e explorações de terrenos marginais que levam à contínua degradação e poluição do planeta e a perdas anuais da ordem dos 22 bilhões de toneladas de solo.

Graças aos recentes avanços na biotecnologia e, mais recentemente, na engenharia genética de plantas, os agricultores têm agora à sua disposição novas opções, como sementes de culturas que resistem a danos provocados por insetos, mas que também resistem aos herbicidas. Essas sementes manipuladas geneticamente têm o potencial de revolucionar a agricultura e melhorar a qualidade ambiental, tornando possível reduzir o uso de pesticidas e manter a aragem em um mínimo necessário.

Até a década de 70 do século XX, os métodos de melhoramento não interferiam radicalmente na estrutura cromossômica das plantas, não implicando, portanto, maiores consequências no que se refere a impactos ambientais e à saúde humana. Os métodos utilizados eram basicamente os mesmos que intuitivamente foram aplicados por muitos séculos; a diferença é que desde o final do século XIX passaram a ser utilizados e avaliados com rigor científico. Os cruzamentos eram feitos com fertilização artificial das flores dos indivíduos que possuíam as características desejadas, e a geração resultante era analisada com os rigores dos métodos estatísticos. Os conhecimentos adquiridos pelos melhoristas – relativamente à polinização cruzada, combinados com métodos cada vez mais sofisticados de detecção das características de interesse –, permitiram acelerar esse processo.

A inclusão de grupos de genes por técnicas de produção de híbridos entre espécies diferentes e vários outros processos como a fusão de protoplastos – em que são fundidas duas ou mais membranas celulares produzindo um híbrido somático – podem ser obtidos por meio de técnicas de biotecnologia vegetal que não são consideradas de engenharia genética. Após a descoberta da reprodução sexuada nas plantas, foi realizado o primeiro cruzamento entre espécies de gêneros distintos em 1876, e a primeira fusão de protoplastos foi realizada em 1909. Uma técnica utilizada desde 1927, que permitia a alteração induzida dos cromossomos de forma aleatória seguida de seleção, era a aplicação de raios gama para indução de mutações para gerar plantas mutantes de interesse em programas de melhoramento. Com o uso de radiações ionizantes, eram obtidos mutantes com maior produtividade e precocidade, menor porte e maior resistência a doenças e pragas, que eram utilizados na obtenção de novas variedades.

O termo *biotecnologia* abrange muitas técnicas, entre elas a propagação vegetativa de plantas, sem reprodução sexual. As aplicações biotecnológicas dessa área incluem métodos de melhoramento de variedades vegetais por meio da micropropagação, da seleção com marcadores moleculares e da utilização de tecnologia de DNA recombinante. As tecnologias dessa área permitem ainda utilizar organismos e células vegetais para produzir ou transformar alimentos, biomateriais e energia.

Em termos gerais, essas tecnologias permitem, por exemplo, propagar em larga escala plantas de maior qualidade, sem destruir aquelas que as originaram. É possível também obter plantas que são facilmente transportadas para qualquer lugar do planeta, sem a preocupação com a disseminação de doenças. As potencialidades da cultura de tecidos têm sido exploradas para criar variação genética, permitindo obter indivíduos resistentes a fatores de estresse, biótico ou abiótico, como o aumento da produção de açúcar na cana-de-açúcar ou a resistência ao fungo *Fusarium* em tomateiro. As técnicas de replicação assexuada de indivíduos em laboratório permitem também recuperar espécies em via de extinção.

Embora as técnicas de hibridação convencional também produzam indivíduos com combinações de genes que na natureza nunca ocorreriam, foi a obtenção de plantas transgênicas que abriu possibilidades nunca antes imaginadas. Genes encontrados em indivíduos de uma espécie ou em espécies absolutamente distantes e diferentes puderam ser compartilhados num único organismo.

É possível definir engenharia genética como a utilização de tecnologias que permitem inserir um ou mais genes no DNA, ou silenciar a expressão de um gene já existente, alterando assim o seu genoma, adicionando ou retirando características de seres vivos para benefício do homem. Um organismo geneticamente modificado (OGM) é aquele no qual foi introduzida, pelo homem, uma alteração na informação hereditária que está codificada no seu DNA, o genoma. De modo geral, essa alteração consiste na adição de um ou mais genes, os quais codificam a síntese de proteínas que não existiam originalmente no organismo e que lhe conferem novas características, como a resistência a doenças, a insetos e a parasitas, aos herbicidas, tolerância à seca, ao sal, entre muitas outras possibilidades.

Existem diversas estratégias de introdução de resistência a insetos, baseadas em genes de plantas naturalmente resistentes. Um desses genes, isolado de tomateiro, já foi introduzido em arroz conferindo-lhe resistência à broca do caule. Outros agentes de estresse biótico, como vírus, bactérias, fungos e nematódeos, também já foram incorporados em várias plantas por estratégias de engenharia genética. A modificação genética de plantas é realizada também para obtenção de polímeros biodegradáveis que podem substituir os plásticos. Igualmente, a expressão de genes em plantas que codificam proteínas terapêuticas ou com o efeito de vacinas é importante alternativa aos sistemas de produção da indústria farmacêutica. Também o enriquecimento nutricional de produtos alimentares utilizados em larga escala em regiões de extrema pobreza – como a introdução da via de síntese da pré-vitamina A em arroz – ou a produção de plantas de elevada qualidade e robustez para cultivo em zonas pobres são formas que permitem melhorar a qualidade de vida das pessoas, minimizando os impactos ambientais para obter solos aráveis.

HISTÓRIA DOS OGMs

O primeiro organismo geneticamente modificado (OGM) moderno foi obtido, em 1973, por Stanley Cohen, da Escola de Medicina da Universidade Stanford, e Herbert Boyer, da Universidade da Califórnia. Os dois pesquisadores utilizaram técnicas de biologia molecular que foram desenvolvidas em diferentes laboratórios – introduziram um gene de anfíbio na bactéria *Escherichia coli*. Demonstraram, assim, que era possível transferir o material genético de um organismo para outro usando vetores capazes de se replicar, efetivamente quebrando as barreiras entre diferentes espécies.

Esses resultados tiveram um impacto imenso na comunidade científica, que em 1974 se autoimpôs uma moratória internacional sobre a utilização da tecnologia do DNA recombinante até que houvesse melhor avaliação das novas tecnologias e seus possíveis riscos. Em 1975, a Conferência de Asilomar, realizada em Pacific Grove, Califórnia, concluiu que os experimentos com DNA recombinante poderiam prosseguir, desde que respeitadas orientações estritas, elaboradas pelo Instituto Nacional de Saúde norte-americano (National Institutes of Health – NIH) e aceitas pela comunidade científica. Essas orientações foram publicadas logo após a conferência de 1975 e posteriormente atualizadas. Elas ainda são seguidas pelos laboratórios que realizam experimentos de manipulação genética.

Apenas dois anos depois da Conferência de Asilomar, a empresa Genentech foi capaz de produzir duas importantes proteínas humanas nas *Escherichia coli*, a somatostatina e a insulina.

Em 1983, foi travada nos Estados Unidos a primeira batalha sobre liberação de organismos geneticamente modificados. No centro do debate estavam os experimentos com uma variante da bactéria *Pseudomonas syringae*, incapaz de produzir a proteína que facilita a formação de cristais de gelo. Pesquisadores da Universidade da Califórnia, em Berkeley, desenvolveram essa variante a fim de introduzi-la no solo para proteger as plantas da geada. O pedido para realização de ensaios com OGMs no campo provocou um forte protesto de ambientalistas. Só depois de uma batalha jurídica que durou três anos, essas bactérias foram os primeiros OGMs testados fora dos laboratórios e liberados no ambiente. Esses experimentos nunca resultaram em um produto comercializado.

Em uma primeira fase, a manipulação genética em plantas recorria a um vetor natural de transformação genética, o *Agrobacterium tumefaciens*, uma bactéria que vive no solo. O *Agrobacterium* possui mecanismos que lhe permitem infectar uma planta e transferir para as células vegetais uma porção de DNA. Esta se integra ao núcleo da célula vegetal, restaurando a dupla cadeia, que vai comandar na planta uma série de acontecimentos proveitosos para a bactéria. A região que essas bactérias transferem às células vegetais é delimitada por sequências específicas de DNA. Se forem removidos todos os genes que não interessam aos cientistas e no seu lugar forem colocados outros genes, a bactéria continua a ser capaz de efetuar a transferência do DNA. Assim, essas bactérias são utilizadas como *escravas* no processo de engenharia genética de plantas, sendo eliminadas após a transferência do DNA.

Esse processo, no entanto, depende da interação planta/bactéria, que nem sempre se estabelece. Foram desenvolvidos métodos alternativos com os quais foi possível efetuar a transferência de DNA para plantas que não são hospedeiras do *Agrobacterium*. Um desses métodos é o bombardeamento com micropartículas de ouro, com cerca de 1 µc de diâmetro, revestidas com o DNA e impulsionadas para dentro dos tecidos vegetais por pressão de gás ou descarga elétrica. Muitos outros métodos foram desenvolvidos, como o *microlaser*, a microinjecção ou os vetores virais, que também podem ser utilizados, embora não sejam tão comuns como os anteriores.

O primeiro alimento geneticamente modificado foi um tomate, o Savr Flavr, criado pela Calgene, posteriormente adquirida pela Monsanto. Esse tomate foi modificado para amadurecer sem amolecer, mas mantendo a cor e o sabor original. A empresa tomou a iniciativa de obter aprovação da Administração de Drogas e Alimentos (Food and Drug Administration – FDA) para seu lançamento nos Estados Unidos em 1994. O produto foi lançado sem nenhuma rotulagem especial, pois esta ainda não era exigida legalmente. Uma variante do Savr Flavr foi usada pela empresa Zeneca para produzir massa de tomate, vendida na Europa durante o verão de 1996. Em virtude das características do tomate – cuja produção é mais barata do que a do tomate convencional –, resultou em um produto 20% mais barato. A rotulagem e os preços foram concebidos como uma experiência de mercado, analisando se os consumidores europeus aceitariam alimentos geneticamente modificados. Entre 1996 e 1999, cerca de 1,8 milhão de latas claramente rotuladas como tomates geneticamente modificados foram vendidas nos supermercados britânicos. Essa aceitação foi diminuindo com o tempo, em razão de o assunto passar a ser discutido com mais insistência na mídia – foram levantadas várias questões éticas, médicas, ambientais e econômicas. As indústrias de biotecnologia atualmente sabem que a introdução de novos alimentos não será tão bem aceita pelos consumidores, como acontece com os produtos farmacêuticos.

Desde o primeiro cultivo comercial de plantas geneticamente modificadas, em 1994, elas foram posteriormente modificadas para serem tolerantes aos herbicidas glifosato e glufosinato, a fim de tornarem-se resistentes aos danos por vírus, como os causados por vírus em mamoeiros, ou produzir no algodão a toxina Bt, um potente inseticida.

As plantas de algodão Bt, geneticamente modificadas, são protegidas por um gene proveniente de um microrganismo, o *Bacillus thuringiensis* (Bt). Esse gene permite que o algodão produza uma proteína tóxica para a larva da borboleta, que é seu predador. Essa proteína protege o algodão do seu predador específico, sem danos a outros seres vivos, mamíferos e outros insetos. Na verdade, a proteína que atua no inseto é ingerida com os tecidos da planta pelas larvas e depois quebrada no seu intestino em várias moléculas, incluindo uma proteína tóxica. Como é produzida na planta, a proteína está protegida contra fatores climáticos e seu efeito dura mais tempo do que com tratamentos químicos. A cultura do algodão Bt, e posteriormente de outras plantas semelhantes, livra os agricultores de usar inseticidas, o que reduz os custos de produção e aumenta os rendimentos.

As variedades transgênicas cultivadas atualmente são, em sua maioria, conhecidas como transgênicos de primeira geração, porque a característica transgênica proporciona benefícios principalmente aos agricultores.

As plantas de segunda geração que estão chegando aos mercados beneficiam diretamente o consumidor com a melhoria nutricional, do sabor e da textura. Vários alimentos, como a batata-doce, estão sendo geneticamente modificados para produzir mais proteínas e outros nutrientes. O arroz dourado, desenvolvido pelo Instituto Internacional de Pesquisa de Arroz (International Rice Research Institute), é discutido como uma possível cura para a deficiência da vitamina A. Em janeiro de 2008, os cientistas produziram uma variedade de cenoura para produzir cálcio, tornando-se um possível aliado no tratamento da osteoporose.

Entre 1997 e 2009, a área total de terra cultivada com OGMs aumentou 80%, de 17 mil km² para 1,34 milhão de km². Embora a maioria das culturas de transgênicos seja feita nos Estados Unidos, nos últimos anos houve um rápido crescimento na área plantada nos países em desenvolvimento. Em 2009, o maior aumento de área plantada com culturas geneticamente modificadas, principalmente soja, foi no Brasil (214 mil km² em 2009, contra 158 mil km² em 2008). Houve também uma rápida e contínua expansão das variedades de algodão geneticamente modificado na Índia desde 2002 – em 2009, foi colhido algodão transgênico plantado numa área de 84 mil km². No Brasil, 87% do algodão produzido foi de algodão geneticamente modificado.

Em 2009, os países que apresentaram crescimento de 95% das lavouras transgênicas do planeta foram Estados Unidos (46%), Brasil (16%), Argentina (15%), Índia (6%), Canadá (6%), China (3%), Paraguai (2%) e África do Sul (2%).

A Associação de Fabricantes de Alimentos dos Estados Unidos (Grocery Manufacturers Association – GMA) estima que 75% de todos os alimentos processados naquele país contêm pelo menos um ingrediente geneticamente modificado – os mais representativos são o milho Bt, que produz o inseticida na própria planta, e a soja geneticamente projetada para tolerar herbicidas à base de glifosato.

Como a maioria das inovações científicas que tiveram um impacto significativo na sociedade, a engenharia genética em sementes não surgiu apenas a partir dos esforços dos investigadores para melhorar o controle de pragas ou ervas daninhas. Foi resultado de uma longa linhagem de cientistas botânicos. Eles estudaram bactérias que causam tumores em plantas, vírus que protegem as plantas de outros vírus e bactérias que matam insetos. Estudaram também processos metabólicos relacionados à síntese de proteínas específicas. É um exemplo de como a ciência funciona e como a pesquisa básica pode levar a resultados práticos inimagináveis no momento em que se inicia.

A avaliação dos riscos do cultivo em larga escala das plantas geneticamente modificadas (PGMs) está centrada principalmente nos impactos causados no ecossistema adjacente à cultura, na saúde do agricultor e do consumidor dos alimentos, na possível ocorrência de alergias, nas mudanças no perfil nutricional, na diluição do *pool* genético e na propagação da resistência aos antibióticos. Estes são apenas alguns dos fatores biológicos, sem mencionar o impacto na economia e no sistema de produção, e a dependência que o agricultor passa a ter em relação às sementes modificadas. Os perigos alegados pelos opositores como ameaças à biodiversidade incidem sobre vários pontos. Em razão da complexidade da questão, é difícil realizar estudos aprofundados sobre a segurança ambiental de longo prazo da PGM. É uma área ainda nova, que exige muito investimento, além de estudos em biologia molecular, em genética populacional e em ecologia. Requer a colaboração entre especialistas de áreas muito diferentes, profissionais que sofrem pressões da indústria, da mídia e dos ambientalistas.

PLANTAS INVASORAS GENETICAMENTE MODIFICADAS

Uma ameaça potencial ao meio ambiente é a possibilidade de que as plantas geneticamente modificadas – originadas da introdução de material genético com potencial para alterar os seus hábitos ecológicos – se espalhem e invadam ecossistemas, tornando-se plantas invasoras.

Esta não é uma característica única de plantas transgênicas; todas as espécies cultivadas são mais ou menos aptas a se espalhar além dos campos de cultura. Para as espécies com uma longa história de domesticação, como o milho, isso é improvável, e não há razões que possam ser generalizadas sobre como uma planta carregando uma característica agronômica adicional poderia se tornar invasora. No entanto, quando há milhões de hectares de plantas transgênicas, com genes modificados e diferentes da planta original, teoricamente um híbrido poderia adquirir vários genes que confeririam uma vantagem seletiva, permitindo a sua adaptação a *habitats* diversos. Algumas manipulações apresentam um risco potencial maior, como no caso de gramíneas resistentes a herbicidas, com um alto risco de disseminação e invasão de ecossistemas. Como contraponto, é interessante avaliar os riscos ambientais a que se expõe com a introdução de novas plantas que não foram selecionadas com técnicas de manipulação genética. Há mais de meio século, são conhecidas plantas silvestres e cultivadas que naturalmente são resistentes a herbicidas. A soja tratada com Syncrony (Syncrony treated soybean – STS), da DuPont, resistente ao herbicida Syncrony (sulfonilureia), é uma variedade obtida pelos processos convencionais de seleção. No Reino Unido foram introduzidas – principalmente para jardinagem – mais de 3 mil espécies exóticas, o dobro de espécies nativas (Trewavas, 1999). Pelo menos sessenta dessas espécies formam híbridos com espécies nativas, criando novos problemas ambientais e contribuindo para a perda da diversidade genética natural. A questão é a seguinte: se a introdução dessas plantas é aceita, por que a oposição *a priori* à transferência de características semelhantes por técnicas modernas de biotecnologia?

TRANSFERÊNCIA HORIZONTAL DE GENES

Uma ameaça potencial ao meio ambiente é a transferência horizontal dos genes introduzidos nas PGMs aos parentes selvagens que vivem nos arredores do campo de cultivo. Isso pode ocorrer principalmente por meio do pólen, levando à criação de híbridos que trariam consequências indesejadas, tais como invasão de áreas adjacentes à cultura, alterações na resistência a pragas, impacto negativo sobre outros organismos no ecossistema e afetação da segurança alimentar.

Muitos ambientalistas rejeitam a ideia de que a introdução de um gene de uma espécie em outra filogeneticamente distante é algo equivalente ao melhoramento tradicional. As técnicas tradicionais conseguiam no máximo a hibridação de espécies ou gêneros relacionados. Com as técnicas de engenharia genética, é possível criar combinações pouco prováveis na natureza, como um gene bacteriano em uma planta superior, e romper barreiras evolutivas que a natureza impunha, impedindo a troca de material genético entre as espécies e gêneros distantes.

Contra essa argumentação, os biotecnólogos afirmam que a engenharia genética é uma técnica muito precisa, que introduz apenas um ou dois genes bem caracterizados no organismo modificado. Assim, essa prática apresentaria vantagens sobre os métodos tradicionais de melhoramento, que transferiam aleatoriamente para os híbridos resultantes da manipulação uma quantidade enorme de material genético, sem conhecer os impactos ambientais que seriam produzidos. Muitas variedades tradicionais foram selecionadas após a indução de mutações aleatórias, e nada se sabia sobre seus efeitos no ambiente, exceto os benefícios que foram selecionados no programa de melhoramento. Nunca foi realizado um estudo sistemático dos possíveis riscos que os genomas descaracterizados pelas técnicas anteriores à manipulação genética poderiam causar no ambiente.

Várias plantas tradicionais de cultivo poderiam ser consideradas anomalias genéticas, porque a sua produção levou à mistura real de genomas de diferentes espécies, sem as modernas técnicas de engenharia genética. O exemplo mais conhecido é o triticale, produzido pela hibridação de duas espécies distintas, o trigo (*Triticum aestivum* L.) e o centeio (*Secale cereale* L.). Este foi o primeiro híbrido produzido em laboratório no final do século XIX. Os primeiros híbridos estéreis foram obtidos em laboratórios da Escócia em 1875, mas os primeiros híbridos férteis foram produzidos na Alemanha. Todas as variedades comerciais disponíveis são resultado da hibridização da segunda geração, dois tipos diferentes de triticale. São também obtidos sem engenharia genética os híbridos de sorgo e trigo, e as ameixas modernas são cruzamentos entre cerejeira e abrunheiro (uma espécie de ameixa, *Prunus spinosa*).

A questão então não é apenas se há transferência horizontal de genes, como ocorre naturalmente quando se formam híbridos entre espécies, mas se o produto apresentará perigo de transferência de genes, principalmente por polinização.

Segundo os ecologistas, a possibilidade de transferência horizontal acrescenta um risco para os produtos geneticamente modificados, permitindo que ocorra a contaminação genética de outras espécies. Algumas espécies vegetais têm muita facilidade para cruzar com parentes silvestres que podem estar presentes nas imediações – abóbora, canola, girassol e sorgo são algumas delas. Vários estudos indicam que ocorre o escape de genes introduzidos para resistência aos herbicidas em plantas transgênicas para as aparentadas silvestres. A canola é resultado da colza (*Brassica napus*) modificada geneticamente por meio de melhoramento genético, selecionada em especial para produção do óleo para consumo humano. As plantas de canola geneticamente modificadas para torná-las resistentes ao herbicida produziram descendentes férteis quando cruzadas com plantas de raiz-forte (*Armoracia rusticana*), ambas da família *Brassicaceae*, embora os genes de resistência fossem diluídos em gerações sucessivas.

Vários geneticistas argumentam que há indícios de que, na ausência de pressão seletiva, uma característica neutra que passa a uma planta selvagem será perdida depois de algumas gerações. Para as características com vantagens seletivas, porém, cada caso deve ser analisado separadamente, pois o efeito de um gene na aptidão biológica difere em cada situação.

Estudos mostram que a transferência horizontal de genes é natural, até mesmo entre certos microrganismos e plantas, e teve uma função nos processos evolutivos. No entanto, deve-se usar esse argumento com cuidado, porque os processos naturais são muito mais lentos do que os artificiais e foram testados evolutivamente ao longo de milhares ou mesmo milhões de anos.

Os maiores riscos estão relacionados à introdução de genes em centros de origem da diversidade de variabilidade genética, em função dos genótipos que possuem distribuição limitada. Partindo da premissa de que a variabilidade genética é acumulada em função do tempo decorrido, o centro de diversidade normalmente corresponde à área onde a planta já existia há mais tempo, que é, por definição, o centro de origem. Isso significa que essas áreas possuem plantas com características que são únicas e que poderiam ser utilizadas em futuros programas de melhoramento genético. Se houver, porém, hibridização com a consequente poluição desse conjunto de genes originais, essas características poderiam ser perdidas para sempre. É fundamental a avaliação do local em que as plantas geneticamente modificadas são cultivadas, respeitando o isolamento geográfico desses centros, diminuindo ao máximo a probabilidade de ocorrência de cruzamentos via polinização entre as plantas modificadas e não modificadas. A avaliação deve ser fundamentada nos estudos da biologia reprodutiva das espécies e em análises fitogeográficas. No caso de manejo inadequado da cultura geneticamente modificada e relaxamento das normas sobre os limites de distância, é altamente provável que ocorra um fluxo de genes exóticos para os centros de origem da diversidade.

É importante que culturas geneticamente modificadas sejam implantadas em locais onde não possuam parentes silvestres, com mecanismos de reprodução compatíveis. É a situação do milho ou da soja no Brasil, onde não há parentes silvestres que possam cruzar com essas espécies. Nada impede, porém, que milho ou soja geneticamente modificados cruzem e transfiram genes para as variedades que não foram modificadas e que sejam sexualmente compatíveis.

Um aspecto que causa polêmica é o uso de DNA de uma espécie introduzido em um organismo transgênico – por exemplo, milho –, incorporando uma característica do gene de uma bactéria do solo, e este milho ser então destinado ao consumo humano. No entanto, a incorporação de DNA de bactérias e vírus sempre acontece em qualquer processamento de alimentos. De fato, no cozimento dos alimentos e durante o processo de digestão, as moléculas de DNA se fragmentam e o produto ingerido não tem mais longas sequências de codificação (ou seja, genes capazes de codificar informações completas). Do ponto de vista químico, sempre se ingere DNA fragmentado de muitas espécies, sem nenhum risco.

Questiona-se o papel dos alimentos transgênicos na disseminação da resistência aos antibióticos, pela inserção de marcadores de resistência a antibióticos. A principal preocupação não é com a transferência horizontal diretamente pela alimentação, mas com a possível transferência desses genes de resistência a outras espécies, tais como as bactérias da microbiota do solo (rizosfera) ou a microbiota intestinal de mamíferos, inclusive os humanos. Teoricamente, esse processo poderia ser realizado por conjugação, transdução e transformação, e, portanto, pode conduzir ao aparecimento de resistência às bactérias patogênicas clinicamente relevantes.

No entanto, existem muitos elementos que limitam a transferência de DNA a partir de produtos geneticamente modificados para outros organismos. Como mencionado, o simples processamento de alimentos degrada o DNA antes do consumo. Além disso, no caso particular de transferência de marcadores de resistência aos antibióticos, as bactérias ambientais têm enzimas de restrição que poderiam degradar o DNA. Mesmo que o DNA possa ser introduzido sem ser degradado após as etapas de processamento de alimentos e durante a digestão em si, dificilmente se recombinaria no material genético do organismo que ingeriu o alimento transgênico, por exigir condições muito específicas.

No entanto, existem exceções. Já foram observadas a penetração e a utilização de construções transgênicas de DNA intacto no sangue de ratos que ingeriram um tipo de DNA, chamado M13 DNA. No que diz respeito à degradação gastrointestinal, foi demonstrado que a soja transgênica com o gene EPSPS permanece intacta no intestino. Portanto, desde que tenha sido determinada a presença de alguns tipos de DNA transgênico no intestino dos mamíferos, deve-se levar em conta a possibilidade de sua integração no genoma nas bactérias encontradas naturalmente no intestino. Isso significa que, anos depois de terem deixado de ingerir o alimento transgênico, as pessoas podem continuar expostas à sua proteína, que continuará a ser produzida continuamente no intestino pelos microrganismos que ali vivem.

Um dos trechos de DNA amplamente usado é o CaMV35S, um vírus que tem semelhança genética com o vírus do HIV, leucemia humana e hepatite B. Esse trecho, por estar presente em praticamente todos os transgênicos, é usado como marcador na análise de processos transgênicos em alimentos. Atua como promotor de expressão genética, obrigando o gene de interesse comercial a trabalhar intensamente. Em 1997, foi demonstrado que esse trecho de DNA de vírus passa pela barreira intestinal, entra na corrente sanguínea e liga-se ao código genético de algumas células do consumidor. Esse comportamento foi observado apenas em alimentos transgênicos por causa da presença de trechos especiais de DNA geneticamente instável, e não foi encontrado em alimentos naturais. Alguns cientistas afirmam que o gene promotor derivado do vírus CaMV pode consistir em perigo para a saúde, possivelmente induzindo o desenvolvimento de tumores.

AS PLANTAS Bt

No caso das plantas Bt, aquelas que carregam um gene bacteriano – *Bacillus thuringiensis* (Bt) – que lhes permite resistir ao ataque de larvas de insetos, um potencial efeito indesejável seria que a toxicidade da proteína Bt também poderia afetar insetos benéficos. É curioso que uma tecnologia que promete evitar o uso de inseticidas químicos e promover utilização de sistemas de forma ambientalmente mais amigáveis provoque tanta discussão entre os ambientalistas.

Embora a proteína Bt seja inofensiva para outros organismos que não os insetos-alvo, teme-se o seu impacto sobre insetos benéficos e o surgimento de mutantes resistentes à proteína. Alguns estudos não mostraram diferenças significativas entre o número de insetos benéficos de um campo de controle e um campo de milho geneticamente modificado para resistência à *broca*. Os cientistas concordam que é provável, em longo prazo, o surgimento de mutantes resistentes à toxina Bt, porque essa é uma característica regulada por um único gene. No entanto, as toxinas Bt pertencem a uma família com mais de 130 membros, e mesmo quando insetos resistentes surgem, novas toxinas poderiam ser usadas, sem reação cruzada.

Por outro lado, estudos recentes indicam que a proteína Bt produzida pelo milho transgênico pode ser exsudada pelas raízes das plantas, ligando-se rapidamente às argilas e aos ácidos húmicos, mantendo suas propriedades inseticidas, com impactos nos ecossistemas ainda não totalmente claros.

Alguns benefícios potenciais das plantas Bt também podem ser apontados, como a redução do uso de inseticidas. De fato, um estudo recente indica que os estados do sul dos Estados Unidos reduziram significativamente o uso de inseticidas químicos, coincidindo com a plantação maciça de transgênicos. Embora o surgimento de resistência dos insetos às proteínas Bt seja inevitável, têm sido propostas práticas agrícolas para atrasá-lo. Mistura-se às culturas transgênicas 20% de plantas que não foram geneticamente modificadas, mantendo-se assim alguns insetos com resistência cruzada e não resistentes, que vão diluir os genes de resistência nas gerações futuras.

Alguns dados obrigam os cientistas a repensar a estratégia de plantas não transgênicas misturadas com as geneticamente modificadas. Um estudo publicado na revista *Nature* (Liu *et al.*, 1999) mostra que os insetos nocivos do gênero *Pectinophora*, quando alimentados com plantas Bt, tornam-se resistentes à toxina e atrasam o seu desenvolvimento. Com menos chances de copular com as variantes subsensíveis, acabam não diluindo os seus genes de resistência e, com o tempo, passam a predominar na população de insetos.

RESISTÊNCIA A VÍRUS E HERBICIDAS

Algumas manipulações recentes das plantas para torná-las resistentes a doenças causadas por vírus envolvem a introdução de um gene do vírus em questão ou outros relacionados. Isso pode, em teoria, levar a recombinações genéticas que produziriam novas versões do vírus patogênico para as plantas. A questão subjacente é se os genes virais introduzidos nas plantas podem afetar a dinâmica de populações selvagens do vírus ou o perfil epidemiológico de determinadas doenças. Apesar dos estudos laboratoriais sobre os modos como os genes virais expressos em plantas podem modificar o comportamento dos vírus, é muito difícil avaliar o risco de ensaios de campo, pois esses ensaios ignoram quase tudo sobre a dinâmica das populações de vírus de plantas na natureza.

Cultivares resistentes aos herbicidas vêm sendo utilizados há muitas décadas. Sua utilidade baseia-se no fato de que algumas plantas de cultura sobrevivem à aplicação de herbicidas, enquanto ervas invasoras morrem com as mesmas doses. Isso permite o controle das ervas invasoras no campo, sem matar as plantas que estão sendo cultivadas.

No passado, essas variedades eram produzidas aleatoriamente, em experimentações nas quais culturas e ervas invasoras eram submetidas a várias moléculas diferentes de herbicidas. As plantas de cultura que sobreviviam enquanto as ervas invasoras sucumbiam eram então selecionadas e replicadas, criando-se assim uma variedade resistente.

Na atualidade, várias espécies foram geneticamente modificadas por meio de técnicas sofisticadas, com a introdução de um gene específico que lhes confere a resistência ao herbicida. Em 1996, a soja geneticamente modificada Roundup Ready®, resistente ao herbicida Roundup® – um glifosato –, tornou-se comercialmente disponível, seguida pelo milho Roundup Ready® em 1998. Atualmente, cultivos Roundup Ready® incluem soja, milho, canola, beterraba, algodão, trigo, alfafa, e muitos outros ainda estão em desenvolvimento.

As vantagens que apresentam essas plantas resistentes aos herbicidas, modificadas ou não modificadas geneticamente, são a facilidade para o controle das plantas invasoras aparentadas com aquelas da cultura e a aplicação de menores quantidades de herbicidas, trazendo maior segurança ambiental e alimentar. Ocorrem vantagens econômicas porque diminuem os prejuízos relacionados com a aplicação de herbicidas e sua permanência no solo, prejudicando a próxima cultura após a colheita.

Os maiores riscos impostos pelas plantas resistentes aos herbicidas relacionam-se ao fato de que, além de não eliminarem totalmente a necessidade de aplicações de compostos químicos tóxicos, requerem o aumento da aplicação desses herbicidas, quando utilizadas em monoculturas. Isso ocorre porque pode haver adaptação das plantas invasoras, trazendo riscos ambientais pela maior concentração de produtos tóxicos no ambiente e pela seleção dessas plantas invasoras, que podem invadir outros *habitats*. Além disso, por serem resistentes ao herbicida, corre-se o risco de essas plantas tornarem-se elas mesmas daninhas e invasoras de outras culturas. Há uma diminuição da diversidade ecológica e uma dependência do agricultor em relação às sementes e ao herbicida específico a ser aplicado.

ALIMENTOS TRANSGÊNICOS E ALERGIAS

O enorme aumento das alergias alimentares nos Estados Unidos é frequentemente observado, mas não é estabelecida uma correlação em bases científicas entre esse fato e uma mudança radical recente da dieta americana. Desde 1996, genes de vírus, bactérias e outras células têm sido introduzidos artificialmente em plantas de algodão, canola, milho e soja. Esses produtos geneticamente modificados apresentam o risco de desencadear reações alérgicas mortais e possivelmente estão contribuindo para um aumento das alergias.

Os cientistas sabem há muito tempo que as culturas geneticamente modificadas poderiam causar alergias. Isso foi demonstrado em meados dos anos 90 do século XX, quando um gene da castanha-do-pará foi adicionado às sementes de soja. Embora os cientistas tenham tentado produzir uma semente de soja mais saudável, obtiveram um produto potencialmente mortal. Testes sanguíneos nas pessoas que eram alérgicas a castanha-do-pará mostraram reações alérgicas a essa soja transgênica.

A produção de uma proteína no interior da célula é uma sequência de reações químicas, envolvendo a decodificação do código genético, a agregação dos componentes das proteínas e finalmente a criação da molécula proteica. Nesses passos intermediários, é possível surgirem novos produtos químicos, pelas reações entre os componentes secundários do complexo processo de criação de uma molécula proteica.

A ingestão de proteínas alergênicas é um risco que se corre na ingestão de transgênicos, mas não é exclusivo dessa modalidade de alimentos. Os alimentos processados pela indústria alimentícia frequentemente produzem misturas de resíduos de alimentos que sobram em processos e maquinários. O óleo de girassol pode ter traços de óleo de soja, cujos resíduos se misturaram em algum ponto do processo; um chocolate pode conter castanha-de-caju informada no rótulo principal da embalagem, mas pode também conter traços do amendoim que ficou retido no equipamento de moagem, informados apenas em letras quase ilegíveis. Essas observações são cada vez mais comuns em embalagens de alimentos, mas poucas vezes são lidas.

Não existe alternativa científica para um teste toxicológico rigoroso que garanta segurança alimentar para alimentos geneticamente modificados. Isso acontece porque as pessoas normalmente não são alérgicas a um alimento antes de o terem ingerido várias vezes. O único teste definitivo para as alergias é o consumo por pessoas afetadas, o que obviamente não é ético. O Reino Unido é um dos poucos países que realiza uma avaliação anual das alergias alimentares. Em 1999, investigadores do Laboratório York descobriram que as reações à soja tinham disparado 50% em relação ao ano anterior. Isso provavelmente tem relação com a soja geneticamente modificada que tinha entrado recentemente no país, importada dos Estados Unidos – e a soja usada no estudo era majoritariamente transgênica.

PLANTAS TRANSGÊNICAS E A QUESTÃO DA BIODIVERSIDADE

Não existem estudos ecológicos amplos e abrangentes capazes de lidar com a complexidade da questão sobre os efeitos em longo prazo da introdução de plantas transgênicas. Como mencionado, a transferência horizontal de genes entre espécies ocorria antes mesmo da engenharia genética. Portanto, o que as pesquisas têm que esclarecer é se essa transferência ocorre entre plantas transgênicas e não transgênicas, selvagens ou cultivadas, se acarreta riscos adicionais de perda de genes para sempre e, consequentemente, perda de biodiversidade.

A introdução de variedades transgênicas nas regiões que são os centros de origem das plantas cultivadas é um fator que causa grande preocupação. Por exemplo, a introdução de milho geneticamente modificado na Mesoamérica seria bastante arriscada, pois ali existem os seus parentes selvagens – o teosinto – e vários cultivares que deveriam ser preservados sem nenhuma mistura gênica. A produção de híbridos em centros de origem ameaça não apenas parte da biodiversidade, mas um capital genético que poderá ser útil no futuro, como fonte de características a serem selecionadas em programas de melhoramento.

A questão da biodiversidade não pode ser separada do local onde se desenvolvem as práticas agrícolas, e deve considerar as características dos diferentes países ou regiões dentro de grandes países. Cada zona rural e agrícola deve atentar para a presença de parentes silvestres e introduzir medidas e leis enérgicas de controle, até mesmo proibindo as plantações que possam apresentar riscos à biodiversidade.

São necessários avanços em ecologia para que se possa prever o comportamento de organismos geneticamente modificados liberados no meio ambiente e compreender os efeitos de um sistema de produção agrícola baseado em plantas transgênicas. Estas ainda não foram devidamente enquadradas nos modelos de dinâmica populacional, pela impossibilidade de experimentação em larga escala. É essencial que os ecologistas avaliem os riscos a partir de estudos de caso atuais e criem hipóteses e modelos mais abrangentes, capazes de fazer novas inferências. Por exemplo, é fundamental que se desenvolvam modelos matemáticos que possam prever como as alterações na abundância de uma planta geneticamente modificada afetam os organismos que interagem com ela.

Alguns ecologistas têm apontado falhas graves e lacunas nos projetos e na metodologia utilizada em estudos de avaliação de risco nos ensaios de campo com plantas transgênicas. Os ecologistas nem sempre são contra a flexibilização das normas de biossegurança; o que eles questionam é se os experimentos de avaliação de risco realizados até agora têm dado respostas significativas, colocando em dúvida se as premissas e o delineamento dos experimentos foram adequados.

Ao longo desses trinta anos de introdução de transgênicos no cotidiano, vários acidentes têm acontecido. No entanto, é fato que a maioria dos acidentes ocorreu por mau uso do produto, falta de informações ou descaso com as leis.

Um caso bastante grave ocorreu, em 1998, com um milho modificado com tecnologia Bt para produzir a toxina de uma bactéria que atuaria como um inseticida específico. O milho, chamado StarLink™, foi comercializado mesmo com restrições. Por causa da polinização cruzada e à mistura nos armazéns, houve contaminação em torno de 40% da produção de milho norte-americano. Ele causou graves reações alérgicas em seres humanos devido à presença de uma proteína designada Cry9C. Essa proteína não está presente em outros milhos produzidos anteriormente com a tecnologia Bt. No milho pode haver cruzamento sexual através do ar pela polinização de outra planta de milho a uma distância de até 10 km, dependendo do vento. Ou seja, uma lavoura transgênica contamina todas as plantas naturais em um amplo raio ao seu redor. Esse milho foi liberado com a restrição de ser usado apenas na alimentação animal, mas em razão da polinização, contaminou outras lavouras de milho e na comercialização era misturado ao milho comum. Esse milho comum misturado com o transgênico perdeu o seu valor de mercado, levando os produtores a grandes prejuízos e vários consumidores a ter reações alérgicas graves.

BOTÂNICA, CONSERVAÇÃO E RECUPERAÇÃO AMBIENTAL

Para suprir suas necessidades e anseios, o homem sempre fez uso dos recursos naturais, transformando-os em fontes de energia, matérias-primas ou bens de consumo, como alimentos e água. No entanto, em áreas que foram exploradas de modo inadequado, é necessário que se faça uso racional desses recursos através do seu manejo, adotando-se medidas para a recuperação das áreas degradadas.

A ideia da unidade dos organismos com o meio ambiente e dos seres humanos com a natureza não é recente. Já na mais remota história escrita encontram-se alusões a esse respeito. A preocupação com a conservação ambiental está presente em vários povos e culturas através da história, às vezes transmitida apenas oralmente, mas, em muitos casos, muito bem documentada. Várias civilizações demonstraram profundo respeito à natureza, porque a água e as florestas eram vitais para as atividades econômicas e para as questões de segurança. Muitas leis, decretos, regras e regulamentações surgiram mais por interesses econômicos do que por um genuíno interesse na preservação ambiental, mas de qualquer modo foram as bases para o moderno direito ambiental.

O Código de Hamurabi é um dos mais antigos conjuntos de leis escritas, e um dos exemplos mais bem preservados desse tipo de documento. Estima-se que tenha sido elaborado pelo rei Hamurabi, da antiga Mesopotâmia, por volta de 1700 a.C. É um monumento talhado em rocha, sobre o qual se dispõem 46 colunas de escrita cuneiforme, com 282 leis em 3.600 linhas que regulamentam a vida social O parágrafo 53 diz:

> Se alguém é preguiçoso em ter em boa ordem o próprio dique e não o tem, e em consequência se produz uma fenda no mesmo dique e os campos da aldeia são inundados d'água, aquele, em cujo dique se produziu a fenda, deverá ressarcir o trigo que ele fez perder.[2]

Vários outros documentos contribuem para a história do direito ambiental, como o Livro dos Mortos do Antigo Egito, o Hino Persa de Zaratustra e a Lei Mosaica. Algumas

---

[2] Disponível em http://www.culturabrasil.pro.br/zip/hamurabi.pdf. Acesso em dezembro de 2010.

partes da Torah abordam aspectos mais apurados de algumas seções do Código de Hamurabi, que têm a ver com o direito de propriedade e determinam que, por exemplo, em caso de guerra fossem poupadas as florestas.

A Carta da Floresta é originalmente um documento redigido na Inglaterra pelo rei Henry III, e promulgada em 1217 como um complemento à Magna Carta (1215). Foi reeditada em 1225 com uma série de pequenas alterações no texto e depois se uniu à Magna Carta com a Confirmação das Cartas, em 1297. Numa época em que as florestas pertenciam ao rei e que eram a mais importante fonte de material para construção e combustível para cozinhar e aquecer, essa carta foi única na prestação de proteção econômica aos servos e vassalos. Foi a demanda por desmatamento das florestas e a Carta da Floresta que ajudaram a manter a Magna Carta como parte importante do processo histórico que levou o direito constitucional às áreas do mundo sob domínio inglês. Ele influenciou inclusive os primeiros colonos da Nova Inglaterra e inspirou mais tarde vários documentos constitucionais, incluindo a Constituição dos Estados Unidos. A Carta foi o estatuto que permaneceu mais tempo em vigor na Inglaterra, sendo finalmente substituída pelo Wild Creatures and Forest Laws [Leis florestais e sobre criaturas selvagens], num ato de 1971.

As Ordenações Afonsinas são uma coletânea de leis promulgadas, em 1446, em Portugal, durante o reinado de

D. Afonso V. Várias vezes, as Cortes haviam pedido a D. João I a organização de uma coletânea em que se coordenasse e atualizasse o direito vigente, facilitando a administração da justiça. As Ordenações Afonsinas continham determinações expressas de que não se podia atirar aos lagos e rios material que pudesse matar os peixes ou perturbar seu desenvolvimento. Um decreto do rei proibindo a propriedade e o corte de madeiras nobres, que só podiam ser derrubadas se a Coroa portuguesa autorizasse, popularizou a expressão *madeira de lei*, até os dias atuais. Essas determinações serviram de base e foram substituídas posteriormente pelas Ordenações Manuelinas, promulgadas em 1521 por D. Manuel I.

As Ordenações Filipinas foram sancionadas em 1595 por Filipe I, durante a Dinastia Filipina, que reinou em Portugal durante o período de união entre aquele país e a Espanha, e o rei de Portugal era simultaneamente o rei de Espanha (com o título de Filipe II). Era uma compilação jurídica resultante da reforma do Código Manuelino, que previa no Livro Quinto, Título LXXV, pena gravíssima a quem cortasse árvore ou fruto, sujeitando-o ao açoite e ao degredo para a África por quatro anos se o dano fosse pequeno, caso contrário o degredo seria definitivo.

No Brasil, a preocupação com o meio ambiente é antiga. Um bom exemplo disso é a Floresta da Tijuca. Localizada no município do Rio de Janeiro (RJ) e integrante do Parque Nacional da Tijuca (3.972 hectares), é a terceira maior área verde urbana do mundo. Mas trata-se de vegetação secundária, uma vez que é fruto de um reflorestamento promovido à época do II Reinado (1840-1889), quando se tornou patente que o desmatamento, causado pelas fazendas de café, estava prejudicando o abastecimento de água potável da então capital do Império. A ocupação da área por europeus e seus descendentes data do início do século XVI. Anteriormente, a região era de domínio indígena, sem que houvesse alterações significativas na paisagem. Com a fundação da cidade do Rio de Janeiro, em 1565, gradualmente aumentou a demanda de madeira para a construção e para combustível. Os vales e as encostas das montanhas foram ocupados com construções e transformados em campos de cultivo. Em 1590, havia seis engenhos de cana-de-açúcar na região, 32 em 1728, e 120 no final do século XVIII. Até hoje há locais com os nomes desses antigos engenhos: Engenho Novo, Engenho de Dentro, Engenho Velho, Usina da Tijuca, etc. Em 1763, tiveram início as plantações de café no Rio, vindo de Belém (PA), que permaneceram nas encostas do Maciço da Carioca, do Mendanha e da Pedra Branca até o século XIX. Com o café, os desmatamentos se sucederam e apenas alguns grotões inacessíveis permaneceram com a cobertura florestal original.

Em 1658, já havia representações populares contra os moradores que estragavam as terras e tornavam impuras as águas. Em 1818, o governo baixou severas disposições para proteger os mananciais ameaçados. Em 1844, após uma grande seca, o ministro Almeida Torres propôs as desapropriações e os plantios das áreas para salvar os mananciais do Rio, ações iniciadas em 1856. Em 1861, foram criadas a Floresta da Tijuca e a Floresta das Paineiras. A missão foi confiada ao major da polícia militar Manuel Archer, que iniciou o trabalho com seis escravos em 1861 e plantou 100 mil mudas de espécies nativas da Mata Atlântica em treze anos. O substituto do major Archer, o barão d'Escragnolle, transformou a floresta em um parque para recreação, com áreas de lazer, fontes e lagos. A partir de 1890, a área ficou sob guarda de diversos órgãos públicos. Ao longo do tempo, as administrações apresentaram diferentes políticas de manejo da flora, algumas com ênfase na vegetação nativa, outras valorizando o paisagismo e privilegiando a introdução de espécies exóticas.

No Brasil, os dispositivos legais que regulamentam a obrigatoriedade de recuperar áreas degradadas são recentes, mas a legislação ambiental brasileira é considerada por especialistas em direito ambiental como uma das melhores do mundo. Até 1981, não havia uma legislação que protegesse de maneira sistemática o meio ambiente, e as leis eram essencialmente voltadas à proteção das atividades econômicas.

Em 1934, foi criado o primeiro Código Florestal, pelo Decreto nº 23.793, que impôs limites para o uso da propriedade, com a reserva obrigatória de 25% de vegetação nativa de cada propriedade rural, a chamada *quarta parte*. A Lei nº 4.771 criou em 1965 o Código Florestal Brasileiro, e nele foram estabelecidos dois conceitos básicos da legislação ambiental: a área de preservação permanente (APP) e a reserva legal (RL). A lei estabeleceu que a distância mínima de 30 m das margens de córregos existentes em propriedades rurais deveria ser totalmente preservada, assim como a circunferência de 50 m de raio nas nascentes d'água. Essa mata ciliar funciona como um corredor ecológico que protege os recursos hídricos e favorece a biodiversidade. São também áreas de preservação permanentes os topos de morro e as áreas localizadas nos terrenos com declividade acima de 45°, evitando que o desmatamento e a exploração agropecuária desses locais possam impedir a recarga dos aquíferos subterrâneos e favorecer a erosão. Mas os legisladores definiram também que todas as propriedades rurais deveriam manter, além da área de proteção ambiental, um pedaço de floresta virgem *reservado*, cuja utilização somente poderia ser feita se não ameaçasse sua integridade. No texto original dizia:

> nas regiões Leste Meridional, Sul e Centro Oeste, esta na parte sul, as derrubadas de florestas nativas, primitivas ou regeneradas, só serão permitidas, desde que seja, em qualquer caso, respeitado o limite mínimo de 20% da área de cada propriedade com cobertura arbórea localizada, a critério da autoridade competente.

O Código Florestal é uma lei que estabelece os princípios legislativos gerais que devem ser observados pelos estados da federação. Cabe aos estados a edição de leis específicas visando à implantação das políticas florestais próprias, de acordo com o art. 24 da Lei Fundamental. As leis florestais estaduais expressam com maior compreensão as realidades locais. As especificidades das leis tornam-nas mais aptas a exercer um papel realmente eficaz. O governo federal, por meio das exigências formais para concessão de financiamentos a projetos, pressiona os estados para que as leis estaduais florestais sejam criadas.

Atualmente, todo empreendimento que tenha potencial para causar um impacto negativo sobre o meio ambiente passa por um processo de licenciamento ambiental, no qual são assumidos compromissos para o controle desses impactos. A recuperação de áreas degradadas foi definida, pela Lei nº 6.938, de 1981, como um dos objetivos da política nacional do meio ambiente. Essa lei, que embasa as atividades de gestão ambiental, estabeleceu o licenciamento ambiental e a revisão de atividades consideradas poluidoras, e criou o Conselho Nacional do Meio Ambiente (Conama). A instalação do Conama representou um grande avanço em matéria de política ambiental, reunindo diversos segmentos dos poderes públicos e representantes de instituições da sociedade civil para o exercício de funções deliberativas e consultivas.

A Constituição Federal de 1988 estabeleceu no seu art. 225 quatro conceitos fundamentais no âmbito do direito ambiental:

1) todos têm direito ao meio ambiente ecologicamente equilibrado;
2) o direito ao meio ambiente ecologicamente equilibrado diz respeito à existência de um bem de uso comum do povo e essencial à qualidade de vida;
3) tanto o poder público como a coletividade têm o dever de defender o bem ambiental, assim como o dever de preservá-lo;
4) a defesa e a preservação do bem ambiental estão vinculadas não só às gerações presentes, mas também às futuras.

Embora o conceito de reserva legal já houvesse sido lançado em 1965, a Lei nº 7.803, de 1989, alterou o art. 16 do Código Florestal Brasileiro e criou a expressão *reserva legal*, bem como alterou a definição de *área de preservação permanente*. Em 1991, a Lei Agrícola previa originalmente no art. 99:

> obriga-se o proprietário rural, quando for o caso, a recompor em sua propriedade a Reserva Florestal Legal, prevista na Lei nº 4.771, de 1965, com a nova redação dada pela Lei nº 7.803, de 1989, mediante o plantio, em cada ano, de pelo menos um trinta avos da área total para complementar a referida Reserva Florestal Legal (RFL).

A Resolução Conama nº 237, de 1997, regulamentou a atuação dos órgãos competentes do Sistema Nacional do Meio Ambiente (Sisnama), no exercício do licenciamento previsto na Lei nº 6.938, de 1981, e relacionou no seu Anexo 1 os empreendimentos e atividades sujeitos ao licenciamento ambiental.

O Sistema Nacional de Unidades de Conservação (Snuc) foi instituído pela Lei nº 9.985, de 2000, que estabeleceu normas e critérios para a criação, implantação e gestão das unidades de conservação do território brasileiro. É uma lei muito importante, pois ela é a primeira que visa à aplicação efetiva dos conceitos de desenvolvimento sustentável e conservação biológica. A criação e manutenção dessas unidades envolvem diversos órgãos governamentais como o Conama, o Instituto Brasileiro de Meio Ambiente e dos Recursos Naturais Renováveis (Ibama), o Ministério do Meio Ambiente e, também, diversos órgãos estaduais e municipais. A lei reconhece duas categorias principais de unidades de conservação: as *unidades de proteção integral*, que permitem apenas o uso indireto dos recursos naturais, sem consumo, coleta, dano ou destruição dos recursos naturais; e as *unidades de uso sustentável*, que permitem o uso comercial ou não dos recursos naturais.

Em 2001, foi editada a Medida Provisória nº 2.166-67, que novamente alterou o Código Florestal e definiu reserva legal como uma

> área localizada no interior de uma propriedade ou posse rural, excetuada a de preservação permanente, necessária ao uso sustentável dos recursos naturais, à conservação e reabilitação

dos processos ecológicos, à conservação da biodiversidade e ao abrigo e proteção de fauna e flora nativas.

A medida determinou diferentes percentuais destinados à reserva legal de acordo com diferentes biomas, sendo no mínimo 20%, descontadas as áreas de preservação permanente. Para instituição da reserva legal, todos os proprietários estão obrigados a demarcar uma área mínima, de acordo com o bioma onde sua propriedade está localizada. Em 2008, o Decreto nº 6.514 estabeleceu sanções e prazo para quem deixasse de cumprir tais exigências.

Em maio de 2011, sob protestos de vários segmentos da sociedade civil e divergências entre deputados governistas, da base de sustentação do governo e da oposição, foi aprovado na Câmara dos Deputados o novo Código Florestal. O texto ainda será analisado pelo Senado, que poderá alterar os pontos polêmicos e, nesta hipótese, voltará a ser discutido na Câmara dos Deputados. Depois, o código será sancionado pela Presidência, que tem a prerrogativa de vetar o texto parcial ou integralmente. Os principais pontos polêmicos são:

1) anistia para quem desmatou até julho de 2008, com a suspensão de todas as multas aplicadas por desmatamento até 2008, caso o produtor faça adesão ao Programa de Regularização Ambiental (PRA);
2) a emenda 164 estabelece que a União estipularia as regras gerais e os estados definiriam, de fato, o que

pode ser cultivado nas áreas de preservação permanentes. O governo federal perderia assim a exclusividade para definir as atividades permitidas em APPs;
3) a isenção aos pequenos produtores da obrigatoriedade de recompor a reserva legal em propriedades de até quatro módulos fiscais, variando de 40 hectares a 100 hectares, dependendo da região;
4) a garantia de que algumas plantações, como o plantio de café ou o cultivo de maçã, serão consolidadas em áreas de preservação permanentes.

CONCEITOS BÁSICOS

O termo *bioma* é utilizado para indicar as unidades fundamentais que compõem os grandes ecossistemas terrestres, caracterizados por tipos fisionômicos semelhantes de vegetação. São as maiores unidades ecológicas, comunidades terrestres bastante amplas com características condicionadas principalmente pelo clima e pelo solo. Os biomas continentais brasileiros são: Amazônia, cerrado, caatinga, Mata Atlântica, Pantanal e pampa.

Formação vegetal é uma expressão que já foi muito utilizada como sinônimo de bioma, mas atualmente define o tipo de vegetação que ocupa uma pequena área geográfica com características do solo, estrutura, composição de espécies e fisionomia peculiares. A *estrutura* é caracterizada por observações sobre a densidade, as formas de vida típicas, as árvores emergentes, a disposição da vegetação em camadas sobrepostas (estratificação), entre outras. A *composição* indica a flora envolvida, e a *fisionomia* é a aparência que a vegetação exibe, resultante do tipo de vegetação que ali predomina.

Um impacto ambiental caracteriza-se por qualquer tipo de mudança que sofram o ar, a água ou o solo, em seu estado comum, e que vai afetar de alguma forma o ecossistema presente. Apesar dos impactos poderem ser positivos ou negativos, a maior preocupação está relacionada aos impactos ambientais negativos, ou seja, aqueles que resultam em algum dano ambiental. Impactos ambientais provocados por atividades humanas podem levar um ecossistema a um estado de perturbação. Quando um ecossistema sofre danos irreversíveis, como a extinção de espécies-chave e a instauração de processos de deterioração como erosão, lixiviação, cruzamentos excessivos entre indivíduos aparentados (endogamia) e doenças, ocorre limitação na capacidade de regeneração e a eliminação dos componentes bióticos e abióticos.

Uma *área perturbada* é aquela que sofreu algum distúrbio e manteve, porém, a capacidade de se regenerar ou se estabilizar em uma condição estável, apesar de diferente do estado original. Quando o distúrbio é pequeno, a intervenção para recuperação pode consistir apenas em introduzir espécies que iniciarão o processo de sucessão. A sucessão vegetal é a evolução de uma comunidade em direção ao clímax, com as flutuações do ecossistema diminuindo de amplitude, num processo de auto-organização e amadurecimento, com tendência ao equilíbrio e à irreversibilidade. As plantas que vão irrompendo na sucessão são cada vez maiores, mais competitivas, estáveis e resistentes, eliminando aquelas que antes ocupavam a área. *Sere* é o termo que se aplica à sequência de comunidades que se sucedem; as comunidades transitórias são denominadas *estádios de desenvolvimento* ou *estádios serais*. A sustentabilidade de um ecossistema em uma condição relativamente estável pressupõe que as espécies dominantes possam se recuperar normalmente e se manter dominantes em longo prazo.

As *áreas degradadas* são aquelas que sofreram um impacto que pode restringir drasticamente ou impedir a capacidade do ambiente de retornar ao estado original. São aqueles ecossistemas terrestres que tiveram a cobertura vegetal e a fauna destruídas; sofreram processos erosivos e alterações profundas no solo, alteração no sistema hídrico por ações como intervenções de mineração, terraplanagem, construção civil e movimentação de máquinas pesadas, aterros sanitários, entre muitas outras possibilidades. Áreas degradadas são aquelas que não mais possuem a capacidade de repor as perdas de matéria orgânica do solo – nutrientes e biomassa. As espécies dominantes não se recuperam, e a colonização por espécies arbóreas e a sucessão secundária são dificultadas ou impedidas.

A *reabilitação* de uma área restitui as suas principais características, atribuindo a ela um papel adequado ao uso humano e conduzindo-a a um estado estável. A *restauração* objetiva conduzirá o ecossistema à sua condição original, reconstruindo seus processos ecológicos. Esse objetivo nem sempre é possível de ser atingido, buscando-se nesses casos atingir metas compatíveis com o estado de degradação dos ecossistemas e com a modificação do contexto socioeconômico, cultural e da paisagem em que estão inseridas as áreas restauradas.

O termo *recuperação* é frequentemente utilizado como sinônimo de reabilitação e restauração. Contudo, de acordo com a Lei nº 9.985, de 2000, a recuperação da área visa à "restituição de um ecossistema ou de uma população silvestre degradada a uma condição não degradada, que pode ser diferente de sua condição original". Trata-se de retornar às condições de funcionamento, pois objetiva recuperar a estrutura (composição em espécies e complexidade) e as funções ecológicas (ciclagem de nutrientes e biomassa) do ecossistema.

A *sucessão ecológica* é o processo natural de evolução e desenvolvimento de um ecossistema, determinado pela sua dinâmica interna. A expressão refere-se ao seu aspecto essencial, que é a substituição de algumas espécies por outras ao longo do tempo. O processo tem início com a perturbação de um ecossistema por causas naturais ou por intervenções humanas e, de acordo com a teoria ecológica clássica, cessa quando a sequência de comunidades que se sucedem chega a um equilíbrio ou estado estacionário com o ambiente físico e biótico. Esse estado tende a persistir indefinidamente na ausência de grandes perturbações. Esse ponto final da sucessão é chamado de *clímax*, que se caracteriza por ter a maior biomassa, as cadeias alimentares mais complexas e a maior biodiversidade possível, aquelas condições que a área oferece.

Se a sucessão tem início em uma área totalmente desprovida de organismos e que não é ocupada por nenhuma comunidade, tais como áreas rochosas recém-expostas, areia ou lava resfriada, o processo é conhecido como *sucessão primária*. A *sucessão secundária* ocorre em locais onde a cobertura vegetal foi perturbada por seres humanos e animais (um campo de cultivo abandonado ou uma área usada como pasto, por exemplo) ou por desastres naturais (causados por água, tempestades de vento, inundações e deslizamentos). A sucessão secundária é geralmente mais rápida quando ocorre numa área rica em solo residual, com matéria orgânica e sementes da vegetação anterior.

Uma *espécie pioneira* é aquela que coloniza inicialmente uma nova área não ocupada por outras espécies, iniciando, em geral, o processo de sucessão ecológica. São indivíduos de pequeno porte, inferior a 8 m, e apresentam crescimento bastante rápido. Seu ciclo de vida é curto, ao redor de oito anos. Na maioria, são plantas que produzem uma grande quantidade de sementes pequenas, geralmente dispersas por pássaros, morcegos ou pelo vento, e que permanecem viáveis por um longo período de tempo. São plantas que suportam a luz solar intensa, sem necessidade de sombreamento e colonizam qualquer área de modo bastante agressivo.

Sob condições naturais, essas espécies pioneiras alteram as condições físicas que possibilitam o estabelecimento das espécies secundárias, que por sua vez promoverão e permitirão o surgimento das *espécies climácicas*. As climácicas são aquelas espécies que produzem sementes grandes em pequena quantidade, com um período curto de viabilidade, dispersas por gravidade e animais de porte médio e grande, geralmente mamíferos. Os indivíduos são altos, atingem mais de 50 m, apresentam crescimento lento e seu ciclo de vida é longo, atravessando décadas e, em algumas espécies, séculos. Essas espécies colonizam áreas sombreadas pela vegetação secundária, mas necessitam de luz na fase adulta, quando suas copas atingem o extrato superior da formação vegetal.

Os conceitos de *resiliência* e *estabilidade* estão relacionados à capacidade de um ecossistema reagir e se recompor após sofrer um distúrbio. A resiliência é um conceito emprestado da física, que se refere à propriedade de que são dotados alguns materiais de acumular energia quando exigidos ou submetidos a estresse, sem ocorrer ruptura, como um elástico. Por analogia, em estudos ecológicos, a resiliência é a capacidade de um ecossistema de se recuperar de flutuações internas após sofrer distúrbios naturais ou provocados por humanos.

Entende-se por *estável* um ecossistema que reage aos distúrbios absorvendo o impacto sofrido, sem sofrer mudanças, e ajustando-o aos seus processos ecológicos. Os ecossistemas passam a ter sua estabilidade comprometida ao sofrer alterações drásticas e as flutuações ambientais ultrapassam seu limite de autorregulação, diminuindo sua resiliência. Nesses casos, pode ocorrer uma espiral negativa no equilíbrio do ecossistema, com respostas cada vez menos eficientes a novos distúrbios, podendo ocorrer processos irreversíveis de degradação que terminarão por levá-lo ao colapso. A estabilidade de um ecossistema está diretamente relacionada com a riqueza de sua biodiversidade. Se um impacto ambiental atinge uma área com grande número de espécies, provavelmente essa perturbação afetará apenas algumas espécies, e aquelas não impactadas garantem a resiliência e a estabilidade do ecossistema.

RECUPERAÇÃO DE ÁREAS DEGRADADAS

A recuperação de áreas degradadas é uma atividade intencional que inicia ou acelera a recuperação de um ecossistema no que diz respeito a sua saúde, sua integridade e sua gestão sustentável. Na maioria das vezes, o ecossistema que precisa ser restaurado foi degradado, danificado, transformado ou inteiramente destruído, direta ou indiretamente, pela atividade humana. Em alguns casos, esses impactos sobre os ecossistemas foram causados ou agravados por eventos naturais – incêndios, inundações, tempestades ou erupções vulcânicas –, de tal forma que o ecossistema não pôde mais recuperar o seu estado pré-perturbação ou a sua trajetória do desenvolvimento histórico.

Em circunstâncias mais complexas, a restauração também pode levar à reintrodução deliberada de espécies nativas desaparecidas e à eliminação ou controle de espécies exóticas invasoras. Muitas vezes, a degradação ou transformação de um ecossistema tem várias fontes, agindo por períodos de tempo muito longos, assim, seus componentes históricos foram perdidos. No entanto, a restauração de áreas degradadas pode iniciar ou facilitar a retomada desses processos de retorno do ecossistema à sua trajetória. Quando o processo é bem-sucedido, o ecossistema manipulado não requer ajuda externa para garantir sua integridade e saúde futura, e, assim, a restauração pode ser considerada concluída. No entanto, o ecossistema restaurado muitas vezes exige uma gestão permanente para prevenção de invasões de espécies oportunistas, dos impactos de várias atividades humanas, das alterações climáticas, entre outros acontecimentos imprevisíveis. A esse respeito, um ecossistema restaurado não é diferente de um ecossistema semelhante intacto, e ambos precisam ser gerenciados. Embora a recuperação e o manejo de ecossistemas sejam complementares e, muitas vezes, empreguem técnicas similares, a restauração ecológica tem como objetivo auxiliar ou dar início à autorreparação, enquanto a gestão do ecossistema tem como propósito assegurar a continuidade do processo com a manutenção do ecossistema restaurado.

Um projeto de restauração de uma área exige análise cuidadosa, planejamento minucioso e acompanhamento sistemático. As intervenções usadas em projetos de restauração variam muito e dependem da extensão e duração dos distúrbios passados, das condições que moldaram a paisagem e das restrições atuais.

Ao recuperar uma área, tem-se como principal modelo os mesmos mecanismos da sucessão natural, o que teoricamente garante seu sucesso em termos de sustentabilidade. É a abordagem mais frequente nos trabalhos de restauração ao redor do planeta. É evidente, porém, que não se trata de reproduzir fielmente todas as etapas sucessionais, o que demandaria um longo período de tempo. O objetivo final da restauração ecológica, que é o retorno do ecossistema a uma situação mais próxima possível do seu estado original ou anterior à degradação, é bastante difícil de ser alcançado. Nas condições naturais aparecem inicialmente apenas as espécies pioneiras, que deverão alterar as condições físicas para possibilitar o aparecimento das espécies secundárias, e estas devem fazer o mesmo para o surgimento das espécies climácicas. Portanto, devem-se ajustar ou adaptar os estados *serais* no sentido de agilizar a dinâmica ecológica.

Um ecossistema é um processo dinâmico, em constante transformação, e um dos principais desafios da restauração é comparável a atingir um alvo em movimento – qualquer trabalho de restauração dificilmente atingirá a meta do ecossistema-alvo, se a meta for recriar de maneira integral as condições passadas. Por essa razão, é necessário que se estabeleça claramente uma definição prévia de qual é o ecossistema-alvo, o que permitirá avaliar o sucesso de um projeto de restauração ecológica. Os objetivos da restauração devem se concentrar muito mais nas características desejadas para o futuro ecossistema do que em como este era no passado. Devem-se levar em consideração os fatores de degradação e o potencial autorregenerativo das áreas, obtido pelo histórico de uso e proximidade da fonte de propágulos.

Os modelos de restauração ecológica que podem ser aplicados às diversas situações de degradação variam bastante, mas dois aspectos principais devem ser considerados, a resiliência e o contexto regional em que a área a ser recuperada está inserida. A resiliência é condicionada pela formação de origem, histórico de degradação, presença de remanescentes florestais, cobertura atual da área, topografia, relevo, umidade e conservação do solo, entre outros fatores. A necessidade de planejamento aumenta quando a área a ser restaurada faz parte de um cenário complexo de ecossistemas adjacentes.

As intervenções para a recuperação de áreas degradadas podem ser feitas com diferentes objetivos, e as atividades desenvolvidas e as técnicas aplicadas nesses projetos são muito variáveis, iniciando sempre com uma avaliação das condições da área para que se possam identificar as dificuldades e traçar estratégias. Reconstruir um ecossistema é uma tarefa complexa que pode ser facilitada quando se procura trabalhar numa escala mais ampla e não apenas naquela definida pelos limites de determinada propriedade. É recomendável que se trabalhe no contexto de bacias hidrográficas, onde a recuperação da vegetação pode ser integrada à proteção de nascentes, ao melhor uso dos solos agrícolas e à rede de drenagem. Um aspecto importante que determinará o grau e o sistema de intervenção a ser adotado é a ocorrência de vegetação natural em bolsões ou áreas próximas, potenciais fornecedores de plântulas e sementes, que podem servir como fonte de propágulos para a área a ser recuperada. Algumas propostas de ações podem ser aplicadas na restauração de áreas com objetivo de restabelecer os processos ecológicos e a sustentabilidade encontrada nos ecossistemas naturais.

A regeneração natural é indicada quando a área apresenta pequeno grau de perturbação e ainda há possibilidade de autorrecuperação. São áreas onde se observam vários processos ecológicos, tais como presença de plântulas, rebrotamento, formação de banco de sementes dormentes no solo e dispersão de sementes. Às vezes é suficiente o isolamento da área com barreiras físicas, como cercas e aceiros, para evitar a ação degradatória ou a continuidade do processo de degradação. Nos casos mais simples, a ação consiste em remover ou modificar um fator de degradação que cause uma perturbação específica, por exemplo a remoção de uma barragem que permitirá o retorno a um regime histórico de inundações, permitindo assim que os processos ecológicos de reparação ocorram espontaneamente e evitando que áreas em recuperação voltem ao estado degradado.

A recuperação de áreas degradadas deve ser integrada aos processos biológicos, considerando os componentes do sistema solo-planta-atmosfera. O solo deve ser abordado do ponto de vista químico, físico e biológico, e pode sofrer intervenções como aragem e gradagem para tornar a superfície mais uniforme, subsolagem para romper as camadas compactas e adubação para melhoria de suas qualidades físicas e químicas. É fundamental que se considere como e quanto esse solo foi degradado para que se possa planejar o processo de recuperação com as melhores alternativas de manejo. As avaliações dizem respeito a acidez, matéria orgânica, riqueza de nutrientes, capacidade de reter cátions, compactação, porosidade, estrutura, infiltração e retenção de água, erosão, microbiologia do solo, entre outros fatores.

Um banco de sementes consiste num reservatório de sementes presentes nos solos, mas potencialmente capazes de substituir as plantas adultas que desapareceram pela morte, natural ou não, e as plantas perenes que são suscetíveis a doenças vegetais, distúrbios e consumo de animais, incluindo o homem. A fonte de sementes do banco é a chuva de sementes proveniente da comunidade local, da vizinhança e de áreas distantes, dispersas por animais diversos, vento e água. A chuva de sementes é um fator essencial na dinâmica dos ecossistemas e, portanto, fundamental num projeto de regeneração. Ela é formada pelo conjunto de propágulos recebidos por uma comunidade vegetal por meio das diversas formas de dispersão, permitindo a colonização de áreas em processo de sucessão primária ou secundária pela chegada de sementes. O período de tempo em que as sementes permanecem no banco é determinado por fatores fisiológicos que determinam quanto tempo estas poderão permanecer dormentes e viáveis, e fatores ambientais, como umidade, temperatura, luz, predadores de sementes e microrganismos. É possível a indução da germinação das sementes desses bancos pelo revolvimento e irrigação do solo, com o desenvolvimento de plântulas oriundas da mesma área (*autóctone*) e agregando mais um fator no processo de restauração. Em alguns casos pode ser feita a transferência para a área em recuperação de solo e seu banco de sementes, e também de plântulas, de áreas próximas que serão inevitavelmente desmatadas; nesse caso, o termo *alóctone* é aplicado às sementes e plantas vindas de outras áreas.

Em alguns casos é necessário o desbaste das espécies competidoras ou a eliminação seletiva. O progresso da sucessão em uma área pode ser resultado da competição vigorosa de espécies agressivas, como gramíneas e trepadeiras, que dominam os fragmentos florestais e competem com a regeneração das espécies dos estratos superiores. Deve-se evitar a eliminação da vegetação nativa, particularmente as lianas, que são componentes importantes da estrutura de vários ecossistemas, em especial os florestais.

Em áreas degradadas onde as populações foram muito reduzidas, podem-se promover o adensamento e o enriquecimento das espécies com o uso de mudas e sementes. Isso é feito com a introdução de indivíduos de espécies de alta densidade e a reintrodução de espécies que foram extintas localmente, comuns nas áreas não impactadas remanescentes na região, auxiliando a aceleração do processo sucessional. O plantio direto ou a semeadura direta pode ser empregado para áreas de difícil acesso ou áreas montanhosas, embora não se restrinja a esses casos. É uma forma de manejo com baixo custo, o que muitas vezes justifica essa alternativa econômica para a recuperação florestal. A implantação de espécies arbóreas que ofereçam abrigo e alimento para a fauna é extremamente importante. Os animais podem trazer em seu trato digestivo uma grande diversidade de sementes ingeridas de árvores das áreas vizinhas às áreas em recuperação. A chegada de novas sementes em áreas degradadas por meio desses animais é uma das formas mais eficientes para acelerar o processo de recuperação local.

A implantação de espécies arbóreas é um procedimento que permite pular as etapas iniciais da sucessão natural, na qual surgem primeiramente espécies herbáceas e gramíneas que enriquecem o solo com matéria orgânica, alterando suas características e permitindo o aparecimento de indivíduos arbustivo-arbóreos. Na implantação florestal, essa etapa inicial é eliminada, plantando-se mudas de espécies arbóreas e arbustivas, em solo previamente corrigido e preparado. No plantio heterogêneo com espécies nativas regionais, a implantação dos espécimes arbustivo-arbóreos pode ocorrer de forma simultânea, possibilitando a acomodação tanto de espécies pioneiras quanto de não pioneiras.

A tendência atual dos projetos de recuperação é, como primeira ação do processo de recuperação, introduzir um grande número de espécies nativas. Essas espécies devem ser aptas a sobreviver nas condições ambientais da área a ser restaurada; portanto, o planejamento do plantio tem como modelo os processos de sucessão natural naquele tipo de ecossistema. Preferem-se espécies que tenham potencial para atrair a fauna, particularmente aqueles animais que atuam como dispersores de sementes. É importante também que o processo de plantio de mudas ou introdução de sementes considere a combinação de diferentes espécies com comportamentos ecológicos distintos, porém, complementares, a fim de imitar e acelerar o processo de sucessão natural.

É importante que durante o processo de restauração seja implantada uma zona-tampão adjacente à área restaurada, com ações diferenciadas de manejo e onde as atividades humanas estão sujeitas a normas e restrições específicas, com o propósito de minimizar os impactos negativos sobre a unidade. São também fundamentais os corredores ecológicos, porções de ecossistemas naturais ou seminaturais que ligam as diferentes áreas restauradas, possibilitando o fluxo de genes das plantas e a movimentação dos animais. Esses corredores facilitam a dispersão de espécies e a colonização de áreas degradadas, bem como a manutenção de populações de plantas e animais que necessitam, para sua sobrevivência, de áreas com extensão maior do que aquela das unidades individuais.

A restauração ecológica pode então ser definida como a ciência e a prática de iniciar e estimular a recuperação da integridade ecológica de um ecossistema. É a reconstrução de um conjunto integrado, equilibrado e adaptativo de organismos, semelhante aos *habitats* e ecossistemas naturais existentes em determinada área antes de um impacto ambiental, com estrutura, diversidade e organização funcional, e capaz de se autoperpetuar. É consenso que não é possível conservar a biodiversidade apenas com a proteção de áreas críticas. A restauração ecológica é um componente primordial de programas de conservação e manejo sustentável dos recursos, envolvendo todas as instâncias do poder público e da iniciativa privada.

A recuperação de uma área degradada deve ser avaliada por meio de indicadores que definem se o projeto necessita sofrer novas interferências ou até mesmo ser redirecionado. O objetivo da avaliação é determinar o momento em que a floresta plantada passa a ser autossustentável, dispensando intervenções antrópicas. Essa avaliação da recuperação é feita em função das metas e dos objetivos pretendidos inicialmente. Modelos de recuperação mais complexos, envolvendo uma diversidade inicial maior de espécies, tendem a promover uma recuperação mais rápida da biodiversidade e da funcionalidade do ecossistema.

A avaliação da recuperação e da sustentabilidade dos projetos de restauração ou manejo em determinada área é feita com base em alguns indicadores. Chuva de sementes, formação de banco de sementes, produção de serapilheira e rebrota das árvores são indicadores que têm a vantagem de ser facilmente quantificados, quando comparados com outros indicadores biológicos. Insetos, tais como formigas, cupins, vespas, abelhas e besouros, também são considerados bons indicadores ecológicos da recuperação. No solo das áreas em processo de recuperação há uma sucessão de organismos característicos de cada etapa da restauração dessas áreas, podendo, portanto, ser utilizados como bioindicadores do sucesso de cada uma dessas etapas.

BIORREMEDIAÇÃO

A biorremediação pode ser definida como qualquer processo que use microrganismos, fungos, plantas verdes ou suas enzimas para restaurar um ambiente degradado por contaminantes à sua condição original. Essas técnicas podem ser empregadas para atacar contaminantes específicos no solo ou na água.

A biorremediação pode ocorrer naturalmente ou pode ser estimulada, com a adição de substâncias que melhorem a capacidade dos organismos atuantes de se multiplicar, numa técnica chamada de *bioestimulação*. Por exemplo, vazamentos de petróleo podem ser parcialmente limpos por bactérias nativas ou introduzidas que facilitem a decomposição do óleo cru e que tiveram a sua densidade aumentada no ambiente pela adição de fertilizantes nitrogenados às águas contaminadas. Técnicas mais recentes de *bioaumentação* modificam o meio ambiente eliminando fatores limitantes ao crescimento e desenvolvimento dos microrganismos e aumentando a biodegradação dos compostos orgânicos poluentes pela população nativa. Técnicas de bioaumentação associadas à inoculação de microrganismos externos são as mais utilizadas em processos de biorremediação.

Há uma série de vantagens no custo e na eficácia da biorremediação – uma delas é sua utilização em áreas que seriam inacessíveis. Por exemplo, os derrames de petróleo ou de solventes clorados geralmente contaminam as águas subterrâneas. Nesse caso, a utilização de técnicas adequadas de biorremediação pode reduzir de maneira significativa as concentrações dos contaminantes após um longo tempo, permitindo a aclimatação. Isso normalmente é muito menos dispendioso do que a escavação, remoção, incineração e outras estratégias de tratamento do solo.

Embora grande parte dos processos de biorremediação utilize microrganismos, considera-se que são do âmbito da botânica os processos de biorremediação que envolvam fungos e plantas.

Micorremediação é uma forma específica de biorremediação em que os fungos são usados para descontaminar uma área. Um dos papéis principais dos fungos em diversos ecossistemas é a decomposição do substrato, que é realizada pelo micélio. Micélio é o nome que se dá ao conjunto de hifas, os filamentos emaranhados que são visíveis nos fungos. O micélio, que se desenvolve no interior do substrato, é a parte correspondente à sustentação e responsável pela absorção de nutrientes. Ele segrega enzimas e ácidos que decompõem a lignina e a celulose, os dois principais componentes das fibras das plantas. Estes são compostos orgânicos de longas cadeias de carbono e hidrogênio, estruturalmente muito semelhantes a vários poluentes orgânicos. A chave para a micorremediação, então, é a determinação das espécies fúngicas corretas para atingir determinado poluente. A micofiltração é um processo similar, utilizando micélio fúngico para filtrar os resíduos tóxicos e os microrganismos da água contida no solo.

O processo de biorremediação precisa ser constantemente monitorado, o que é feito de modo indireto por meio da medição do potencial de redução de oxidação dos solos e águas subterrâneas, pH, temperatura, teor de oxigênio e concentração dos produtos de degradação, como o dióxido de carbono. Nem todos os contaminantes, porém, são facilmente tratados por processos de biorremediação que utilizam apenas microrganismos. Por exemplo, metais pesados, como cádmio e chumbo, não são facilmente absorvidos ou capturados por esses organismos, e a assimilação de metais como mercúrio na cadeia alimentar poderia agravar ainda mais a situação.

A *fitorremediação* é útil nessas circunstâncias, porque algumas plantas naturais ou transgênicas são capazes de extrair, acumular, transformar, degradar, filtrar e estabilizar substâncias tóxicas. Quando acumuladas nas partes aéreas das plantas, elas podem ser removidas e, então, os metais pesados contidos na biomassa colhida podem ser concentrados ou reciclados para uso industrial.

Várias espécies vegetais são utilizadas em processos de fitorremediação no Brasil: calopogônio (*Calopogonium muconoides*), crotalária (*Crotalaria juncea* e *Crotalaria spectabilis*), ervilhaca (*Vicia sativa*), feijão-de-porco (*Canavalia ensiformes*), feijão-guandu (*Cajanus cajan*), girassol (*Helianthus annus*), lablab (*Dolichos lablab*), milheto (*Pennisitum glaucum*), mineirão (*Stylosantes guianenis*), mucana-anã (*Mucuna deeringiana*), mucana-cinza (*Mucana cinereum*), mucana-preta (*Mucana aterrina*), nabo-forrageiro (*Raphanus sativus*), tremoço-branco (*Lupinus albus*), entre muitas outras.

A fitorremediação depende principalmente das interações entre plantas, solo e microrganismos. O solo é uma matriz complexa de apoio ao desenvolvimento das plantas e aos microrganismos que se alimentam de componentes orgânicos ou inorgânicos. A rizosfera é o volume de solo sujeito à influência da atividade de raiz; os processos que nela ocorrem (na zona de raiz) são essenciais para a fitorremediação. A biomassa e a atividade microbiana são muito mais elevadas nos solos em que há raízes de plantas. As raízes liberam compostos no solo onde crescem, através dos seus exsudatos – estes promovem e mantêm o desenvolvimento de colônias de microrganismos. Tais exsudatos fornecem de 10% a 20% do açúcar produzido pela atividade fotossintética da planta. Muitos compostos podem ser liberados, como hormônios vegetais, enzimas, oxigênio e água. Os microrganismos da rizosfera, por sua vez, promovem o crescimento da planta, pela redução de patógenos e aumento da disponibilidade de nutrientes. Em teoria, quanto mais abundantes forem as raízes, maior será o desenvolvimento da microflora e microfauna da rizosfera. Indiretamente, os exsudatos promovem a biodegradação dos poluentes orgânicos ao estimular a atividade microbiana.

Basicamente, as plantas absorvem o contaminante para metabolizá-lo ou estocá-lo, impedindo ou reduzindo sua liberação no meio ambiente. Os compostos orgânicos mais comuns podem ser degradados e metabolizados durante o crescimento da planta. No caso de poluentes inorgânicos – como

PAU-BRASIL (*Caesalpinia echinata*).
Fonte: *Flora brasiliensis*, vol. XV, parte II, fasc. 50, prancha 22, 1870.

os metais pesados e os radionuclídeos –, não há metabolização, apenas estocagem na planta.

MODALIDADES DE FITORREMEDIAÇÃO

O uso de plantas que absorvem e concentram nas folhas e caules os poluentes do solo – geralmente metais pesados – é chamado de *fitoextração*. Na fitoextração são utilizadas plantas capazes de tolerar e acumular esses poluentes. Assim, o girassol (*Helianthus annuus*) e algumas samambaias (*Pteris vittata*) são hiperacumuladores de arsênico; o salgueiro (*Salix* sp) acumula cádmio, zinco e cobre; a mostarda-indiana (*Brassica juncea*) tem a capacidade de acumular chumbo. O petróleo e seus hidrocarbonos podem ser removidos do solo e das águas subterrâneas com plantas de alfafa (*Medicago sativa*), álamo (*Populus* sp) e zimbro (*Juniperus communis*). Plantas de cevada (*Hordeum vulgare*) resistentes ao sal são comumente usadas para a extração de sal comum (cloreto de sódio), na recuperação de áreas que foram inundadas pela água do mar. Na maioria das vezes, as plantas são colhidas e incineradas, e as cinzas são armazenadas ou então sofrem processos para recuperar os metais acumulados. É possível melhorar a extração por adição de quelantes ao solo, que ajudam a *sequestrar* os íons metálicos, formando quelatos que aumentam a solubilidade e a mobilidade do metal para que as plantas possam absorvê-los mais facilmente.

A *fitotransformação* ou *fitodegradação* é baseada na capacidade de algumas plantas produzirem enzimas que catalisam e aceleram a degradação das substâncias absorvidas. Tais substâncias são transformadas em outras menos tóxicas ou inócuas, pela metabolização dos contaminantes. Esses processos ocorrem nos tecidos das plantas ou nos organismos da rizosfera mantidos pela planta. Neste segundo caso, as plantas não estão diretamente envolvidas na recuperação, mas contribuem por meio do seu sistema radicular para garantir que a atividade microbiana seja aumentada no solo. Os poluentes são então degradados por microrganismos.

No processo de *fitovolatilização*, as plantas absorvem do solo a água contendo contaminantes orgânicos e outros produtos tóxicos, transformando-os em elementos voláteis que são liberados para a atmosfera através de suas folhas. A fitovolatilização nem sempre é satisfatória, porque retira os poluentes do solo, mas os libera (substâncias tóxicas) para a atmosfera.

A *fitoestabilização* consiste na estabilização e na contenção do poluente em longo prazo. A presença da planta pode reduzir a erosão causada pelo vento; suas raízes podem prevenir a erosão pela água e, ainda, imobilizar os poluentes por adsorção ou acumulação, fornecendo uma zona ao redor das raízes na qual o poluente poderá precipitar e estabilizar-se.

Ao contrário da fitoextração, a fitoestabilização consiste principalmente no sequestro de poluentes no solo próximo às raízes, não em tecidos vegetais. Os poluentes tornam-se menos disponíveis – assim, a exposição do gado, dos animais selvagens e dos humanos aos seus efeitos tóxicos é reduzida. Plantas de eucalipto (*Eucalyptus urophylla* e *E. saligna*) têm sido usadas com sucesso como fitoestabilizadoras em áreas contaminadas com cádmio, zinco e manganês.

A técnica de *fitorrestauração* envolve a completa restauração de solos contaminados a um estado próximo àquele do solo natural. Essa modalidade de fitorremediação utiliza plantas nativas da área degradada a fim de alcançar a plena restauração do solo para as comunidades vegetais do ecossistema original.

RECONSTRUÇÕES CLIMÁTICAS E A BOTÂNICA

Em 1884, Wladimir Köppen (1846-1940) publicou a primeira versão do seu mapa de zonas climáticas globais, que abrangia desde o círculo polar até as latitudes tropicais. O trabalho representou um progresso para a meteorologia da época, com o mapeamento de todas as regiões climáticas do mundo. Esse mapeamento levou ao desenvolvimento do sistema de classificação climática de Köppen por volta de 1900, que foi continuamente aperfeiçoado até o fim de sua vida. Classificou os climas em cinco tipos distintos, com base na sazonalidade das chuvas e temperaturas ao longo dos meses do ano, desenvolvendo um sistema matemático de classificação climática que durante décadas orientou as técnicas meteorológicas. A versão completa do seu sistema apareceu primeiro em 1918 e, após várias modificações, a final foi publicada em 1936.

O sistema foi especialmente útil para os geógrafos, pois as zonas climáticas foram definidas com base na temperatura e nos parâmetros quantitativos de precipitação de chuva. Como consequência, o sistema de zonas de Köppen poderia fazer previsões sobre atividades agrícolas e muitos outros aspectos da atividade humana. Esse sistema, ligeiramente modificado, permanece em uso até hoje.

Além da descrição dos diferentes tipos de clima atuais, Köppen estava também interessado em estudos paleoclimáticos. Em 1924, ele e o seu genro, o geofísico e meteorologista Alfred Wegener (1880-1930), publicaram uma monografia chamada *Die Klimate der geologischen Vorzeit* [Os climas do passado geológico], que foi crucial para o reconhecimento das teorias sobre as eras glaciais que o planeta atravessara.

Surpreendentemente, Köppen não era nem geógrafo nem meteorologista, mas botânico. Iniciou seus estudos em botânica na Universidade de São Petersburgo em 1864, concluídos na cidade alemã de Heidelberg. Considerado precursor da ciência meteorológica moderna, suas descobertas influenciaram profundamente os rumos das ciências da atmosfera.

Na época em que Köppen concebeu o seu sistema, os dados da temperatura e da precipitação estavam disponíveis apenas para pequenas áreas do planeta. No entanto, pelas descrições de vegetação existentes na maior parte das áreas exploradas do mundo, Köppen reconheceu que as plantas poderiam ser indicadoras úteis do clima de uma região. Assim, em última análise, o mapeamento da distribuição dos diferentes tipos de vegetação também poderia elucidar questões climáticas numa escala muito maior.

Atualmente, com toda a tecnologia disponível, há um detalhamento enorme dos dados meteorológicos do planeta. Mas, mesmo com essa riqueza de informações adicionais, o conceito de zonas climáticas de Köppen e suas relações com a vegetação permanecem intactos e úteis.

Quando as relações entre vegetação e clima começaram a ser estudadas, logo ficou claro que, se a fisionomia vegetal poderia ser usada para mapear e entender o clima moderno, floras fósseis também poderiam ser úteis para a compreensão de climas do passado.

A PALEOBOTÂNICA E OS CLIMAS DO PASSADO

A paleobotânica é o ramo da botânica que procura reconstruir as mudanças ocorridas em populações vegetais e os climas do passado, estudando os restos fossilizados de plantas que foram preservados em rochas sedimentares, carvão ou outros depósitos geológicos. Esses fósseis podem ser estruturas visíveis a olho nu, como folhas, frutos, sementes, caules, ou então estruturas microscópicas, como grãos de pólen ou esporos. Os fósseis de plantas mais antigos têm mais de 1 bilhão de anos, como é o caso de impressões de algas microscópicas pré-cambrianas. Há também fósseis muito mais jovens, como é o caso do pólen em sedimentos.

Um dos principais objetivos da paleobotânica é descobrir as primeiras ocorrências de diversos grupos de plantas para entender as relações evolutivas que existem entre os táxons. Paleobotânicos também estão interessados na natureza das comunidades de plantas fósseis e nas relações com as espécies de animais com os quais elas possam ter convivido. Às vezes, o conhecimento paleobotânico pode ser aplicado para fins imediatos, tais como auxiliar na descoberta das reservas subterrâneas de combustíveis fósseis.

Os estudos paleobotânicos incluem o uso de conhecimentos sobre plantas fósseis para inferir as características de seu ambiente, incluindo o tipo de condições climáticas em que elas viveram. Essas análises geram informações sobre os efeitos dessas variações climáticas sobre ambientes específicos e, numa escala maior, sobre as mudanças climáticas globais.

O trabalho dos paleobotânicos é fundamental na elucidação dos episódios climáticos passados. Ao correlacionar as evidências geológicas das mudanças ocorridas no planeta com os dados sobre as alterações e a evolução das diversas floras regionais, os cientistas são capazes de criar um quadro mais detalhado sobre como ocorreram tais episódios e quais foram as suas consequências. São dados fundamentais para compreender o clima atual e seu papel no meio ambiente, pois os únicos parâmetros que existem para inferir sobre as possíveis ocorrências futuras são aqueles baseados nos vestígios deixados pelas alterações pregressas.

VEGETAÇÃO E CLIMA

A existência de uma relação entre o tipo de vegetação e o clima de determinada área é algo que até mesmo um leigo em botânica e assuntos climáticos intuitivamente reconhece. Qualquer pessoa que tenha viajado bastante percebe facilmente que a aparência geral da vegetação – a sua fisionomia – varia, mas não necessariamente varia a composição das espécies, e que essa característica está relacionada ao regime climático particular em que a vegetação cresce. Assim, a vegetação pode ser classificada fisionomicamente, e os sinais climáticos podem ser inferidos independentemente de considerações taxonômicas.

Isso ocorre porque a morfologia das plantas resulta de soluções adaptativas muito particulares, em função das restrições ambientais. O genótipo é o conjunto das informações hereditárias de um organismo contidas em seu genoma. O fenótipo é o conjunto das características observáveis de um organismo – morfologia, desenvolvimento, propriedades bioquímicas ou fisiológicas e comportamento. O fenótipo resulta da expressão dos genes do organismo, da influência de fatores ambientais e da possível interação entre os dois. Uma planta arbórea pode ter no seu *genótipo* potencial para crescer dezenas de metros, mas, se as pressões ambientais não permitirem (falta de nutrientes, falta ou excesso de luz e água, por exemplo), ela não atingirá a sua altura máxima, e o seu *fenótipo* – a expressão do seu genótipo – será o de uma planta muito mais baixa. Somente são aptas para a sobrevivência em determinado regime climático aquelas plantas cujo fenótipo é adequado para aquelas condições. Fenótipos impróprios não sobrevivem, seja pela eliminação ambiental direta (fatores físicos), seja por competição com plantas mais adaptadas (levando à morte dos indivíduos menos adaptados e, portanto, menos competitivos).

Apesar de todas as partes de uma planta, em todas as fases do ciclo de vida, contribuírem para o sucesso ou fracasso do indivíduo, o órgão que desempenha o papel mais decisivo na adaptação do ambiente é a folha. O papel primordial da fotossíntese realizada nas folhas demanda que ela seja eficiente na interceptação de luz e na troca de gases com a atmosfera, evitando a perda excessiva de água, mantendo seu fluxo dentro da planta e resfriando a sua superfície pela evaporação. Tudo isso deve ser alcançado com o mínimo de investimento estrutural de tecido porque a construção do tecido foliar demanda energia. Assim, há apenas uma gama limitada de *soluções de engenharia* que podem satisfazer as restrições ambientais, muitas vezes conflitantes, que existem em determinado conjunto de condições ambientais. A difusão de gás, o fluxo de fluidos e as limitações mecânicas atendem a leis físicas e imutáveis; portanto, as soluções biológicas são estáveis e independentes da afinidade taxonômica, com grupos de plantas não aparentados apresentando soluções muito semelhantes.

Se a vegetação pode ser usada para mapear o clima atual, floras fósseis também podem ser úteis para a reconstrução dos climas antigos. Os paleobotânicos utilizam três abordagens básicas para reconstruir os climas do passado a partir de uma assembleia de fósseis:

1) o parente vivo mais próximo ou o modelo de coexistência;
2) o Programa de Análise Multivariada Clima-Folha (Clamp);
3) a análise da margem da folha.

MODELO DE COEXISTÊNCIA

As comunidades ecológicas são conjuntos de espécies que coexistem e potencialmente interagem uns com os outros. Elas são o resultado não somente de processos ecológicos, como a competição entre as espécies e as pressões ambientais, mas também do passado e da continuidade dos processos evolutivos.

A coexistência de espécies dentro das comunidades é muitas vezes baseada em dois mecanismos opostos: os *filtros ambientais*, segundo os quais as espécies coexistem nas comunidades compartilhando tolerâncias e necessidades, e a *diferenciação de nicho*, em que as espécies coexistem porque ocupam nichos diferentes, o que reduz a concorrência. O primeiro mecanismo – filtros ambientais – prediz que as espécies semelhantes devem coexistir no mesmo *habitat*, levando a agrupamentos filogenéticos. O segundo mecanismo – diferenciação de nicho – assume o padrão oposto, em que as espécies coexistentes devem ser diferentes umas das outras, produzindo dispersão filogenética.

A distinção entre esses dois mecanismos requer a caracterização dos nichos das espécies em uma comunidade. Definir e medir as diferenças de nicho entre as espécies mostrou-se bastante difícil em razão do grande número de características que podem ser medidas e às formas multifacetadas que as espécies poderiam assumir, diferenciando-se umas das outras.

As semelhanças e as diferenças entre as espécies são produtos de sua história evolutiva. Quanto mais recente for a diferenciação entre as espécies a partir de um ancestral comum, mais provável será a semelhança entre elas. Assim, distinguir os mecanismos envolvidos na assembleia da comunidade vegetal exige conhecer a história evolutiva de um grupo de espécies.

Estes são parâmetros utilizados nos estudos das variações climáticas pregressas. Pelo conhecimento dos requerimentos ambientais de cada uma das espécies da assembleia de fósseis e do significado de suas associações, levando a agrupamentos filogenéticos ou a diferenciação de nichos, é possível inferir quais foram as pressões climáticas que aquele ecossistema sofreu.

Saber como as semelhanças e diferenças entre as espécies atuaram e continuam atuando nos processos ecológicos também é importante para as decisões de conservação. O conhecimento de quais espécies são suscetíveis de serem afetadas por alterações ambientais e quais podem ser introduzidas em novos *habitats* é fundamental para a tomada de decisões na gestão de uma área. Avaliar a história evolutiva dos diferentes agrupamentos de espécies é um dos caminhos para prever as respostas de uma comunidade vegetal às decisões de gestão e conservação.

ANÁLISE MULTIVARIADA CLIMA-FOLHA

Os estudos pioneiros utilizando a fisionomia foliar na reconstrução de climas do passado foram conduzidos por Irving Widmer Bailey (1884-1967) e Edmund Ware Sinnott (1888-1968), que, em 1916, identificaram relações entre certas características das folhas de angiospermas e as distribuições climáticas. Muitas décadas após, o paleontólogo Jack Albert Wolfe (1936-2005) estudou os traços fisionômicos de folhas de angiospermas modernas e correlacionou 29 características com o clima de centenas de comunidades vegetais ao redor do mundo. O trabalho de Wolfe tem uma abordagem multivariada, o que significa que ele compara muitas combinações de caracteres simultaneamente, usando programas de computador. Essa abordagem parte do pressuposto de que diferentes combinações de fatores ambientais interagem para produzir os diferentes padrões de forma de folhas que são observados na natureza.

O Programa de Análise Multivariada Clima-Folha (Climate Leaf Analysis Multivariate Program – Clamp) é uma técnica estatística multivariada que decodifica marcações climáticas inerentes à fisionomia das folhas de plantas lenhosas. Esse programa foi desenvolvido como uma ferramenta evolutiva bastante precisa para a determinação de dados atmosféricos de paleoclimas. O Clamp é calibrado com relações numéricas entre a fisionomia foliar e parâmetros meteorológicos de ambientes terrestres modernos. Usando essa calibração, os dados climáticos do passado são potencialmente determináveis a partir das folhas de assembleias fósseis, desde que a amostragem da assembleia represente bem as características da vegetação moderna, usadas na calibração. O Clamp tem sido aplicado de forma eficaz para floras fósseis até 100 milhões de anos, mas é uma ferramenta ainda mais poderosa e confiável para o Terciário Tardio e o Quaternário.

ANÁLISE DA MARGEM DA FOLHA

Uma terceira abordagem para a reconstrução do clima é diretamente baseada no trabalho de Bailey e Sinnott (1916), que mostra uma forte correlação entre o padrão de endentação da margem da folha e o clima. No final do século passado, Peter Wilf (1964-) aperfeiçoou esse método, que é similar ao método de Wolfe, com a vantagem de marcar apenas uma variável, minimizando erros. Wilf testou suas hipóteses com o banco de dados Clamp, bem como com a análise de material coletado em floras modernas (principalmente exemplares de herbário), e encontrou boas correlações entre o tipo de margem da folha e a temperatura média anual, e entre a área foliar e a precipitação média anual.

Uma desvantagem desse método é que é possível avaliar apenas dois parâmetros do clima: a temperatura média anual (*mean anual temperature* – MAT) e a média de precipitação anual (*mean anual precipitation* – MAP). Não são avaliados outros parâmetros que poderiam ser igualmente importantes para a sobrevivência e a reprodução.

O resultado mais polêmico dos estudos de Wilf foi a contestação da teoria dos refúgios, concebida em 1969 pelo alemão *Jürgen Haffer* (1932-2010). Embora a Amazônia pareça ser uma floresta bastante uniforme, possui várias espécies que estão restritas a regiões bem delimitadas, um conceito denominado endemismo. Segundo a teoria, a Floresta

Amazônica teria regredido no clima mais frio e seco do Pleistoceno, entre 2 milhões e 10 mil anos atrás. Tornou-se um agrupamento de manchas de mata cerrada – os refúgios que dão nome à teoria –, separadas por extensas áreas de vegetação menos densa, como cerrados ou campos abertos. Com o isolamento das áreas florestais, as espécies teriam passado a evoluir independentemente, multiplicando a variedade biológica. Com a reexpansão da floresta, para ocupar todo o território, e a união das áreas isoladas, teria se formado, então, a enorme variedade regional de espécies que se observa hoje.

O estudo realizado por Peter Wilf sugere a existência de outro mecanismo igualmente eficiente, capaz de produzir esses resultados. O pesquisador estudou folhas fossilizadas de 102 espécies de planta, que viveram há 52 milhões de anos, provenientes da Laguna del Hunco, Patagônia. Essa região atualmente é a mais fria do continente sul-americano, mas, na época em que viviam as plantas fossilizadas, a distribuição dos continentes era diferente, e a Patagônia correspondia a uma área tropical. Embora os dados não digam respeito à Amazônia diretamente, os resultados sugerem que a teoria de refúgios é apenas uma das muitas ideias sobre como a diversidade evoluiu. Todas as explicações para a diversidade neotropical invocam eventos geologicamente recentes, como a Era do Gelo ou o soerguimento dos Andes, mas os dados da Patagônia são uma evidência quantitativa para a diversidade, ocorrida muitos milhões de anos antes, provocada por algo ainda não muito claro.

Jürgen Haffer continuou a defender a sua teoria dos refúgios para a Amazônia até o fim da vida, afirmando que os dados resultantes do estudo da geomorfologia e dos polens fósseis nunca haviam sido refutados.

PALINOLOGIA E RECONSTRUÇÕES CLIMÁTICAS

As respostas da vegetação perante as mudanças climáticas podem ser também estudadas por meio da análise de grãos de pólen das gimnospermas e angiospermas, bem como dos esporos de bactérias, algas, musgos, fungos e samambaias que se preservam em sedimentos. As análises palinológicas são valiosos instrumentos para indicar as alterações da vegetação e do clima através do tempo. Esse conjunto de técnicas utilizadas para análise é conhecido como palinologia, termo derivado da palavra *pólen*, que em latim significa farinha ou pó.

A origem do termo *palinologia* remonta a 1944, quando apareceu pela primeira vez num comunicado de dois ingleses, Hyde e Williams, para designar o estudo morfológico dos grãos de pólen e esporos, suas aplicações e seu modo de dispersão. Nos seus primórdios, a palinologia não se restringia apenas ao estudo dos polens e dos esporos, pois incluía também o estudo de microfósseis de origem animal, constituindo um componente da paleontologia, ramo da geologia. Com

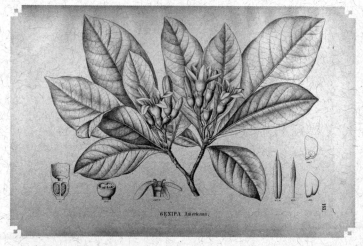

JENIPAPO (*Genipa americana*).
Fonte: *Flora brasiliensis*, vol. VI, parte VI, fasc. 104, prancha 143, 1889.

o desenvolvimento da tecnologia, principalmente a invenção do microscópico eletrônico e as facilidades da fotografia digital, a capacidade descritiva da palinologia aumentou de maneira grandiosa, chegando a pormenores impossíveis de serem analisados no início do estudo dos polens e esporos. É uma área do conhecimento que apresenta inúmeras relações com muitos outros domínios científicos, como a geologia, a arqueologia, a botânica, a ecologia e a agronomia.

Grãos de pólen, também denominados micrósporos, representam a estrutura reprodutiva masculina das plantas espermatófitas – todas aquelas que produzem sementes – e são produzidos por meiose no microsporângio, que corresponde às anteras nas plantas que produzem flores, ou aos cones masculinos nas coníferas. Pela germinação do seu tubo polínico, penetram no ovário, através do estigma e do estilete, onde vão encontrar o megásporo, que corresponde à *célula-mãe* do óvulo, viabilizando a reprodução sexuada. O transporte dos grãos de pólen no seu percurso das anteras aos estigmas – a polinização – pode ocorrer pela água (hidrofilia), nas plantas mais simples; pelo vento (anemófilia); por animais, de modo geral (zoofilia), ou por insetos (entomófilia), morcegos (quiropterofilia) e aves (ornitofilia).

Normalmente os grãos de pólen são revestidos por paredes ornamentadas, características de cada família, o que geralmente permite a identificação das plantas que os originaram. Essas características morfológicas, quando os grãos são fossilizados e posteriormente recuperados, podem auxiliar no entendimento das associações vegetais do passado; em conjunto com outras informações, colaboram para a compreensão do ambiente em que viviam. Possuem uma parede extraordinariamente resistente a ações mecânicas e químicas, e são constituídos por duas camadas, que podem apresentar subdivisões. A camada interna, a intina, é de natureza celulósica, semelhante à parede celular presente nas células vegetais. A camada externa, a exina, é composta de um biopolímero chamado esporopolenina, e é uma das estruturas mais resistentes de todos os seres vivos, resistindo até mesmo a ácidos fortes. Essa substância é degradada apenas pela longa exposição ao oxigênio, que a oxida. No entanto, se o grão de pólen for rapidamente isolado do ar, como quando depositado em uma área lamacenta ou no fundo de um lago, torna-se um registro fóssil do passado da Terra, por ser o componente das plantas que melhor se preserva através dos tempos. Assim, sua forma permanece inalterada por milhões de anos, mesmo após a morte do conteúdo celular.

Nem todos os ambientes são propícios à deposição seguida de fossilização dessas unidades vegetais. Ecossistemas palustres – lagos, lagoas, turfeiras e pântanos – e suas várias camadas de sedimentos formadas através dos séculos são reconhecidos desde os primórdios da palinologia pela preservação dos registros que os contêm. Isso é devido justamente à facilidade que esses ambientes oferecem para que o pólen seja rapidamente soterrado quando é depositado, evitando a sua oxidação.

Além dos grãos de pólen, a palinologia estuda também os esporos, as unidades de reprodução das plantas que não produzem sementes, tais como samambaias (pteridófitas), e também das algas, dos musgos (briófitas) e dos fungos. Um esporo é basicamente uma célula envolvida por uma parede celular que a protege até que as condições ambientais sejam adequadas à sua germinação. Sua germinação dá origem aos gametófitos, que por sua vez dão origem a novos indivíduos por reprodução sexuada. As paredes dos esporos também são constituídas por esporopolenina; portanto, extremamente resistentes à fossilização. Existem vários tipos morfológicos de esporos, o que permite a sua identificação.

Existem grãos de pólen e esporos extremamente característicos que permitem uma identificação imediata até o nível taxonômico da espécie. No entanto, outros apresentam grandes dificuldades, atendendo a eventuais semelhanças morfológicas entre espécies, daí a aplicação do conceito de *tipo polínico*. Entende-se por tipo polínico o conjunto de características morfológicas que não identificam uma espécie, mas determinado grupo de plantas que compartilham das mesmas características. Assim, determinado tipo polínico poderá corresponder a vários táxones, a um gênero ou até mesmo a uma família de plantas.

O SURGIMENTO DA PALEOPALINOLOGIA

Os grãos de pólen, apesar das suas dimensões reduzidas, são conhecidos há muito tempo. Baixos relevos encontrados no Antigo Egito mostram a utilização de um processo de polinização artificial, com cenas em que se sacodem flores masculinas sobre flores femininas de tamareiras. Vários naturalistas do século XVIII registraram observações sobre grãos de pólen nos seus estudos botânicos, mas não lhes deram grande importância. Os primeiros estudos de sistemática sobre grãos de pólen remontam ao início do século XIX e coincidem com o aperfeiçoamento dos microscópios. Francis Bauer (1758-1840) esboçou desenhos do pólen de 181 plantas quando trabalhava como desenhista botânico no Kew Gardens, Inglaterra; são os primeiros registros feitos sobre a morfologia dos grãos. Johannes Purkinje (1787-1869) estudou o tecido das anteras bem como a estrutura dos grãos de pólen. Carl Julius Fritzsche (1808-1871), em 1837, diferenciou as partes constituintes da parede do grão de pólen de maracujá – a exina e a intina. Judge David *Schenck* (1821-1896), em 1867, ilustrou pela primeira vez esporos fossilizados. Em 1884, Paulus Friedrich Reinsch (1836-1914) publicou a primeira fotografia de um esporo fóssil. No final do século XIX, o estudo morfológico dos grãos de pólen apresentava um crescimento exponencial, com mais de 2.200 tipos diferentes de pólen descritos morfologicamente. Do ponto de vista médico, o pólen também começava a merecer alguma atenção – John Bostock (1773-1846), em 1819, descreveu os sintomas da febre do feno, associando-a à floração e à liberação de pólen. Com os melhoramentos nas técnicas de microscopia, os estudos morfológicos dos grãos de pólen passaram a ser fundamentais, apoiando a taxonomia e a sistemática vegetal. Contudo, o conjunto desses trabalhos era ainda pouco articulado.

Os trabalhos desenvolvidos pelas escolas escandinavas sobre o Quaternário do Norte da Europa desencadearam estudos que transformariam a palinologia em uma disciplina independente. No início do século XX, o estudo dos grãos de pólen surgiu na Escandinávia associado a estudos com características ecológicas, a identificação do pólen fóssil de turfeiras e outros sedimentos. A análise polínica teve sua origem em 1916, limitada ao estudo de sedimentos de turfeiras e de lagos do Quaternário com o objetivo de reconstituir as mudanças ocorridas na vegetação.

Gustaf Lagerheim (1860-1926) e Carl Albert Weber (1856-1931) foram os pioneiros nos cálculos percentuais de análise polínica em turfeiras. Paralelamente, Ernst Jakob Lennart von Post (1884-1951) apresentou também as primeiras análises quantitativas do pólen em sedimentos. Em 1935, Roger P. Wodehouse (1889-1978) publicou um manual no qual apresentava a situação dos conhecimentos existentes na época sobre a morfologia polínica. Com base nos estudos de Wodehouse, Otto Gunnar Elias Erdtman (1897-1973) desenvolveu uma metodologia de análise polínica em sedimentos, tendo esta sido adotada por botânicos e geólogos no estudo cronológico do clima e vegetação do Quaternário. Entre 1921 e 1971, Erdtman publicou inúmeros artigos e livros sobre a morfologia polínica, desenvolvendo um sistema de classificação dos grãos de pólen e esporos baseado no número, posição e forma das aberturas por onde germina o tubo polínico.

Em 1964, Knut Fægri (1909-2001) e Johannes Iversen (1904-1972) publicaram um compêndio sobre a história, as técnicas e as aplicações da análise polínica de turfeiras e de sedimentos. Todavia, apenas na década de 1970, a palinologia se afirma como disciplina independente. A palinologia é, portanto, uma ciência relativamente recente.

ANÁLISES POLÍNICAS EM SEDIMENTOS

A análise de pólen e esporos fossilizados é um dos principais métodos para reconstruções qualitativas e quantitativas da vegetação e do clima. Encontrar um macrofóssil bem preservado, como troncos, folhas ou frutos, é um achado bastante raro e, quando ocorre, envolve várias dificuldades na escavação, transporte, análise e preservação da amostra. Além disso, macrofósseis fornecem muitas informações sobre aquele indivíduo, mas não muitos dados sobre a associação vegetal que existia em determinado momento do passado. Como contraponto, uma pequena amostra de sedimento, que potencialmente pode ser coletada em qualquer lugar do planeta e em diferentes profundidades, possui centenas de milhares de grãos de pólen e esporos fossilizados que fornecem informações sobre espécies vegetais e suas associações através do tempo.

As aplicações da análise de pólen abrangem várias escalas espaciais e temporais que podem variar de estudos da dinâmica de uma vegetação durante a imigração de uma espécie invasora até, numa escala muito maior, reconstruções das mudanças da vegetação ao longo dos ciclos glaciais. Conjuntos bem preservados de grãos de pólen podem ser considerados verdadeiros arquivos naturais da memória ecológica, refletindo as várias unidades de paisagem de determinada região.

A dispersão dos esporos e polens depende da morfologia e das particularidades reprodutivas das plantas que os produziram, refletindo suas adaptações ao ambiente em que vivem. Dessa maneira, fornecem um contínuo relato da história evolucionária das plantas. Há um extenso registro de fósseis de grãos de pólen e esporos, muitas vezes dissociados das plantas que deram origem a eles. Faz parte da rotina da palinologia catalogar e caracterizar morfologicamente polens e esporos de plantas vivas, além de compreender como e em que quantidades são produzidos em cada espécie, e também como são dispersos. Esse é um conhecimento que pode ser usado para identificação de palinomorfos fossilizados e, portanto, na bioestratigrafia, na compreensão dos paleoclimas e como eles se alteraram através do tempo.

Os esporos foram inicialmente utilizados apenas para correlações e bioestratigrafia de carvões, mas hoje não se restringem a isso. Juntamente com os grãos de pólen e associações com outros palinomorfos, são utilizados para complementação de dados de paleoambientes, de paleoecologia e de estudos fitogeográficos.

A palinologia oferece uma visão bastante ampla da evolução de uma comunidade vegetal e suas interações com o clima, sendo uma das disciplinas da paleoecologia que melhor descrevem o comportamento histórico de comunidades vegetais em resposta às alterações ecológicas, induzidas pelo clima e pelo homem. Quando os grãos de pólen são dispersos, acabam se depositando no solo, registrando não apenas a composição da vegetação ao redor daquele ponto, mas também as alterações dessa vegetação através do tempo, pois vão formando camadas estratigráficas que vão sendo empilhadas. Esse registro passa então a ser um retrato da vegetação daquela área, acrescida de uma dimensão temporal, registrando a comunidade vegetal em cada uma das camadas que foram depositadas, uma sobre a outra.

Os grãos de pólen das espécies polinizadas pelo vento são os mais importantes para o estudo de sedimentos, principalmente para correlações a longa distância. Essas espécies produzem grandes quantidades de pólen, conhecidas como *chuva polínica*, que são liberadas na atmosfera e caem lentamente sobre a superfície da terra, formando camadas sucessivas.

A relação entre a produção polínica das comunidades vegetais e os seus requisitos ecológicos é um aspecto central da reconstituição palinológica dos ambientes passados. A interpretação paleoecológica estabelece-se na ligação entre as mudanças que ocorreram naquela comunidade vegetal através do tempo, inferidas nas análises dos registros e nos processos relacionados a essas mudanças. Para isso, é necessário compreender os processos e padrões recentes, como análogos modernos dos antigos padrões observados e respectivos processos subjacentes. Considerada numa perspectiva paleobotânica, a vegetação atual constitui o que atualmente se generalizou chamar de *análogos atuais* – entidades suscetíveis à experimentação, algo impossível de realizar com a vegetação já extinta.

As pesquisas são realizadas preferencialmente em locais onde a vegetação não foi perturbada (ou pouco perturbada) pela ação humana e para os quais existam dados meteorológicos e fitossociológicos. Os sedimentos de lagos são os preferidos para a análise das floras do passado, as palinofloras. Para cada local investigado, são necessários dados geológicos e informações da localização – mapas, fotos, coordenadas obtidas por GPS. São necessárias também uma lista da vegetação local e das áreas ao redor, amostras da chuva polínica e amostras dos sedimentos da superfície para que se possam correlacionar dados da flora atual com aquela identificada nos sedimentos.

As amostras são retiradas nos 2 cm superiores do solo, abaixo da serrapilheira e, a seguir, até a profundidade desejada, com amostras a cada 5 cm ou 10 cm, dependendo do objetivo da análise. No caso de vegetação pouco densa, as amostras devem ser coletadas de preferência em locais onde exista uma preservação melhor do pólen, como depressões em que a água tende a se acumular. Esse material é levado ao laboratório, onde as amostras são tratadas por diferentes métodos físico-químicos, dependendo do sedimento. Os tratamentos são combinações diversas de peneiramento, aplicação de bases para neutralizar os ácidos húmicos, ácidos fortes para remover resíduos orgânicos e sílica, lavagens com água e separação de material por centrifugação. No final, restará somente a parede dos polens e dos esporos, resistentes devido à esporopolenina, e que contêm os elementos que permitem a identificação da espécie que os produziu.

O material contendo os palinomorfos fósseis (polens, esporos e outros resíduos orgânicos) de cada amostra correspondente é montado em lâminas e analisado ao microscópio. São feitas a identificação e a contagem dos palinomorfos para cada nível estratigráfico. Os dados são analisados estatisticamente, calculando-se a frequência absoluta de cada tipo polínico e seu percentual em relação a todos os outros palinomorfos analisados na sequência estratigráfica, gerando diagramas polínicos da concentração e da porcentagem de cada tipo.

O tempo que a amostra coletada em determinado nível estratigráfico representa é datado por métodos tradicionais, como o carbono-14. Os diagramas polínicos esquematizam a variação da vegetação ao longo do tempo, representada pela deposição das camadas estratigráficas, mostrando as mudanças vegetacionais ocorridas ao redor do ponto de amostragem, inclusive aquelas provocadas pelos homens. Daí sua aplicação não apenas nos estudos climáticos, mas também na arqueologia e na antropologia. Considerando que todos os organismos, inclusive as plantas, sobrevivem em ambientes que oferecem condições para a sua sobrevivência, é possível inferir as variações climáticas ocorridas por meio das oscilações na frequência de determinadas espécies, representadas nas amostras pelos grãos de pólen e esporos. As modificações ambientais ficam indiretamente registradas pelas modificações na comunidade vegetal. Migração, extinção ou abundância de determinadas espécies são registros da reorganização da comunidade vegetal em função das mudanças ambientais que ocorreram.

Esse tipo de análise é bastante complexo. Não se trata apenas de identificar os palinomorfos nas amostras e registrar se estão presentes ou ausentes; é necessário conhecer como essa espécie se preserva nas condições de onde foram retiradas as amostras, se ela é produzida em grande quantidade e como se dispersa. A presença nas amostras de uma espécie que produz poucos grãos de pólen ou que não se preserva bem nos sedimentos pode ser altamente significativa, mesmo em pequenas quantidades. Por outro lado, uma espécie que está presente em grande quantidade em vários ecossistemas, que é altamente adaptável e que produz grãos em quantidade elevada pode ter pouco peso na interpretação global dos dados.

DENDROCLIMATOLOGIA E DENDROCRONOLOGIA

A *dendroclimatologia* é um ramo da climatologia que analisa as variações climáticas do passado com base nas informações fornecidas pelas árvores que vivem em latitudes mais altas. Nas regiões temperadas, as árvores aumentam o seu tronco de maneira gradual, adicionando um anel de crescimento anual claramente diferenciado dos que se formaram nos anos anteriores. Assim, é possível calcular a idade da árvore pela contagem de anéis exibidos pelo tronco cortado transversalmente, ou então por uma amostra de madeira retirada com instrumento apropriado mostrando os anéis que vão da casca até o centro do tronco. Essa determinação da idade de uma árvore com base na contagem dos anéis de seu tronco recebe o nome de *dendrocronologia*.

As técnicas utilizadas pela dendroclimatologia geralmente não se aplicam às espécies que habitam regiões ao redor do Equador. O clima das regiões tropicais promove continuamente o crescimento das árvores, eliminando os anéis de crescimento na maioria das espécies.

O crescimento anual de uma árvore é o resultado de muitos processos bioquímicos complexos e interligados. O fato de existir uma relação entre esses processos e os parâmetros climáticos da época do crescimento oferece o potencial para extrair informações da influência do clima sobre o crescimento, ano a ano.

Os anéis tendem a ser mais espessos em anos mais quentes. Quando a precipitação for especialmente baixa, o anel de crescimento poderá se tornar excessivamente delgado ou até desaparecer. A densidade do lenho, a composição química e a análise dos isótopos também fornecem informações importantes. Alguns cientistas lançam dúvidas sobre a suposta relação linear entre temperatura e anéis de crescimento, em razão das muitas outras variáveis físicas e biológicas que afetam o crescimento de uma planta.

As condições climáticas que ocorreram imediatamente antes do período de formação de um anel também condicionam processos fisiológicos dentro da árvore e, portanto, influenciam fortemente o crescimento subsequente, estabelecendo no registro dos anéis das árvores uma correlação com o clima. Os anéis conterão informações não só sobre as condições climáticas do ano de crescimento, mas informações sobre os meses e anos anteriores.

Comparando-se o número de anéis de árvores cultivadas em diferentes épocas, é possível reconstituir a evolução do clima durante intervalos de tempo muito maiores do que na análise de uma única árvore. Com grande número de árvores disponíveis, é possível obter uma cronologia de milhares de anos. A comparação da cronologia obtida a partir de diferentes locais auxilia os cientistas a compreender a evolução global do clima na Terra ao longo da maior parte do Holoceno, abrangendo os últimos 11.500 anos após a última glaciação.

A BOTÂNICA E A ECONOMIA AMBIENTAL

Na segunda metade do século XX, a população mundial duplicou, a produção de alimentos triplicou, o uso da energia quadruplicou e a atividade econômica global quintuplicou.

Historicamente, há uma estreita correlação entre o crescimento econômico e a degradação ambiental: quanto mais as comunidades crescem, mais a situação ambiental tende ao declínio. Essa tendência é claramente demonstrada nos gráficos de população humana, crescimento econômico e indicadores ambientais. O crescimento econômico não sustentável com frequência é comparado a uma doença que cresce e corrompe os ecossistemas que dão suporte à vida. É recorrente na literatura o temor de que o uso indiscriminado dos recursos naturais levará a civilização atual a seguir o caminho de várias outras civilizações antigas que também definharam com a exploração excessiva de seus recursos.

Estudos de sustentabilidade analisam formas de reduzir a quantidade de recursos (por exemplo, água, energia ou materiais) necessários para a produção e consumo de bens ou serviços, a partir da melhoria da gestão econômica, do desenho dos produtos, da utilização de novas tecnologias. A economia ecológica inclui o estudo da taxa de transferência de recursos que entram e saem do sistema econômico em relação à qualidade ambiental.

A importância econômica da natureza pode ser avaliada pela utilização dos recursos de determinado ecossistema, um fator de mercado relevante em um mundo onde os recursos naturais, cada vez mais escassos, não podem mais ser considerados gratuitos e ilimitados. Como qualquer outra mercadoria ou serviço, quanto mais escassos, maiores serão os preços cobrados por eles – isso atua como uma restrição ao desperdício e um incentivo à inovação tecnológica e a novas soluções.

Durante as últimas décadas, economistas ambientais desenvolveram o conceito de serviço ambiental, com o objetivo de capitalizar o valor econômico dos ecossistemas. A noção de serviço ambiental parte do pressuposto de que as áreas naturais são uma fonte de renda para as pessoas, de muitas maneiras – as pessoas dependem dos ecossistemas que fornecem bens como madeira, alimentos e medicamentos e também se beneficiam do meio ambiente ao utilizá-lo para fins recreativos, culturais e espirituais. A natureza é uma fonte de bem-estar pelo simples fato de existir. Acredita-se ser importante deixar para os descendentes um mundo mais habitável. Os municípios, por exemplo, beneficiam-se da capacidade das florestas de captar e purificar a água dos rios. Globalmente, pode-se dizer que todos são beneficiados pelo sequestro das emissões de carbono realizado pela vegetação das florestas em todo o mundo.

No entanto, isso só se aplica quando o bem ou serviço ambiental se enquadra no sistema de mercado. Os recursos ambientais não têm valor quando são tratados como algo externo à economia e, portanto, usados em demasia ou degradados sem nenhum cuidado. Uma abordagem dessa situação é a inclusão desses recursos na economia por meio de estratégias de mercado como impostos ambientais e incentivos, créditos de carbono, taxação do uso de água e nitrogênio, enfim, o incentivo de pagamento pelos recursos ambientais.

A ideia de sustentabilidade como uma oportunidade de negócio levou à formação de organizações como o Conselho Empresarial Mundial para o Desenvolvimento Sustentável (World Business Council for Sustainable Development – WBCDS), criado em 1998 como o primeiro organismo internacional puramente empresarial com ações voltadas à sustentabilidade. Esse conselho estabeleceu o conceito de *responsabilidade socioambiental*, um sistema de gestão adotado por empresas públicas e privadas que tem por objetivo providenciar a inclusão social e a conservação ambiental. É definido como um compromisso permanente dos empresários de contribuir para o desenvolvimento econômico, melhorando, simultaneamente, a qualidade de vida de seus empregados e de suas famílias, da comunidade local e da sociedade como um todo, adotando um comportamento ético.

O desenvolvimento do conceito de pagamento de serviços ambientais (PSA) trouxe uma mudança de pensamento sobre quem é responsável pela proteção e pela manutenção de áreas preservadas. A proteção dessas áreas sempre foi vista como dever dos governos, que alocam parte de seu orçamento, somado a doações provenientes de entidades e fundos internacionais, para preservar determinado número de áreas protegidas. Atualmente, difunde-se a ideia de que as empresas e as pessoas que se beneficiam dos serviços ambientais também precisam se comprometer com a questão, e os governos não devem ser considerados os únicos responsáveis.

Embora a preservação do meio ambiente devesse ser uma obrigação de cada cidadão ou empresa, a compensação por utilização de recursos ambientais com dinheiro público ou proveniente de organizações não governamentais e de empresas privadas tem como principal objetivo transferir recursos para aqueles indivíduos que ajudam a conservar ou produzir tais serviços, incentivando as práticas sustentáveis. Estas envolvem a adoção de técnicas e sistemas utilizados na agricultura, manejo florestal, extrativismo florestal, sistemas agroflorestais, paisagismo e proteção da biodiversidade, entre outros, fundamentados no conhecimento botânico.

PAGAMENTO POR SERVIÇOS AMBIENTAIS

O pagamento por serviços ambientais (PSA) consiste em transferir recursos, monetários ou não, para aqueles que ajudarem a manter os serviços ambientais. É uma forma de atribuir um preço aos bens e serviços ambientais, constituindo um mercado para troca de créditos de carbono, conservação de recursos hídricos, criação de impostos ecológicos, exploração sustentável de florestas, uso sustentável da biodiversidade e ecoturismo.

O conceito de serviços ambientais permite uma aproximação entre economia e preservação ambiental, questões que tradicionalmente eram vistas como antagônicas. Com base nesse conceito, o meio ambiente passa a ser percebido como prestador de importantes serviços ambientais à sociedade, e não mais como um mero fornecedor de recursos naturais e receptor de dejetos e refugos. Esses serviços são atividades, produtos e processos da natureza que permitem a manutenção da vida. A conservação da biodiversidade, o sequestro de carbono, a manutenção dos recursos hídricos, a produção de oxigênio e a proteção dos solos são serviços ambientais. Segundo o estudo da ONU – Avaliação Ecossistêmica do Milênio (MEA, 2005) –, serviços ambientais são aqueles prestados silenciosamente pela natureza, relacionados ao ciclo do carbono, ao ciclo hidrológico, às belezas cênicas, à evolução do solo, à biodiversidade, entre outros.

A Organização para a Cooperação e Desenvolvimento Econômico (OCDE) é uma entidade internacional que congrega 31 países que respeitam os princípios da democracia representativa e adotam a economia de livre mercado. Seu Conselho Ministerial decidiu em 2007 reforçar a cooperação da OCDE com o Brasil. Essa organização define bens ou serviços ambientais como aqueles que tenham por finalidade "medir, prevenir, limitar, minimizar ou corrigir danos ambientais à água, ao ar e ao solo, bem como os problemas relacionados ao desperdício, à poluição sonora e danos aos ecossistemas".[3] Segundo estudo da Conferência das Nações Unidas para Comércio e Desenvolvimento (United Nations Conference on Trade and Development – UNCTAD), o valor do mercado de prestação de serviços ambientais era de aproximadamente US$ 550 bilhões em 2003, quantia que certamente aumentou com o passar dos anos (UNCTAD 2003).

---

[3] Disponível em http://www.oecd.org/document/22/0,2340,en_21571361_38379933_38604566_1_1_1_1,00.html. Acesso em 7-12-2010.

ESTABELECENDO VALORES PARA OS SERVIÇOS AMBIENTAIS

O princípio básico por trás de um programa de pagamento de serviços ambientais (PSA) é incentivar os proprietários de terra a preservar o ambiente, por meio de uma recompensa pelos investimentos que envolvem a proteção da biodiversidade. O capital arrecadado pelos beneficiários deve ajudar a cobrir os gastos com a conservação da natureza.

Os ganhos de quem presta serviços ambientais devem ser maiores do que aqueles que seriam obtidos em outras atividades não preservativas ou sustentáveis. A preservação do meio ambiente deve ser mais lucrativa para o proprietário do que a sua degradação para que uma ação ambiental tenha algum valor de mercado. Quando um produtor polui um rio ou derruba uma mata, ele não prejudica apenas suas terras, mas todos os usuários da água desse rio e grande diversidade de plantas e animais que fazem parte de um ecossistema maior. No entanto, se quem toma decisões voltadas para a preservação do meio ambiente for recompensado com uma remuneração, abre-se a oportunidade de uma alternativa econômica para o produtor. Um programa de pagamento de serviços ambientais também deve servir para conscientizar para o fato de que ecossistema gerido de forma sustentável tem grande valor.

Existem várias formas de definir o valor de um serviço ambiental. Os preços de mercado podem ser usados diretamente para avaliar produtos ambientais que são simplesmente coletados, como madeira, frutos, sementes para artesanato, plantas medicinais, animais, entre outros.

Para a manutenção dos serviços ambientais e consequentemente dos ecossistemas, há formas indiretas de determinar o valor desses serviços. É possível chegar a um valor calculando o tempo e o dinheiro gastos para explorar determinada área ambiental. Também é possível avaliar uma função natural de acordo com os investimentos necessários para realizar a mesma função artificialmente – comparar a função natural de purificação da água realizada por uma floresta com a de uma usina de tratamento de água, por exemplo.

Uma floresta geralmente tem seu valor depreciado, porque é avaliada somente pela madeira fornecida por suas árvores. Mas isso representa menos da metade do valor econômico real. O valor total inclui serviços como a proteção das bacias hidrográficas, o sequestro de carbono, a preservação da paisagem, o lazer e o turismo. Apesar de seu alto valor para a sociedade humana, muitos desses serviços eram perdidos ou degradados, porque não podiam ser negociados.

Uma das limitações das técnicas de avaliação de serviços ambientais está no fato de os valores alcançados não serem baseados em transações econômicas reais. Um método alternativo trata a área de preservação ambiental como uma organização ou uma entidade privada. O método baseia-se nos preços do mercado imobiliário e em princípios de contabilidade, estimando os benefícios financeiros que podem ser atribuídos para essas áreas. É possível determinar o benefício gerado quando se reúnem todos esses valores. O método é especialmente interessante para regiões com atividade econômica significativa e onde há natureza escassa.

A sustentabilidade ambiental será bem-sucedida quando incorporada sistematicamente às práticas desenvolvidas em pequenas propriedades rurais e em projetos de grandes empreendimentos, com a recuperação de áreas degradadas e a exploração eficiente e não predatória dos recursos disponíveis. Projetos empresariais que atendam aos parâmetros de sustentabilidade são cada vez mais frequentes, garantindo a continuidade da biodiversidade local e melhorando a qualidade de vida das comunidades da área de extração. A elaboração de leis ambientais, o acompanhamento das autoridades e entidades ambientais, e a seriedade dos instrumentos fiscalizatórios dão ao conceito de sustentabilidade um poder agregador de ideias cada vez maior.

Quase todas as formas de pagamento por serviços ambientais (PSA) protegem áreas verdes direta ou indiretamente, ou então dependem do conhecimento botânico para serem avaliadas e aplicadas na forma da lei. Várias são as modalidades de PSA brasileiras, atualmente em vigência ou em processo de elaboração.

REDUÇÃO CERTIFICADA DE EMISSÕES

O Protocolo de Quioto determinou em dezembro de 1999 que os países desenvolvidos signatários deveriam reduzir suas emissões de gases de efeito estufa em 5,2% entre 2008 e 2012, em relação às emissões de 1990. É o período conhecido como primeiro período de compromisso. Para não comprometer as economias desses países, o protocolo estabeleceu que parte dessa redução de gases de efeito estufa pode ser feita pela negociação com nações por meio dos mecanismos de flexibilização.

Um dos mecanismos de flexibilização é o mecanismo de desenvolvimento limpo (MDL), e um de seus instrumentos é o crédito de carbono, a redução certificada de emissões (Certified Emission Reductions – RCE).

Os créditos de carbono são certificados emitidos quando ocorre a redução de emissão de gases de efeito estufa. Por convenção, 1 tonelada de dióxido de carbono (CO_2) equivalente corresponde a um crédito de carbono. Esse mecanismo de desenvolvimento limpo permite a uma empresa que emite mais do que a sua cota comprar, via mercado, *crédito de carbono* de outra empresa ou projeto que emita menos do que a sua cota ou que sequestre carbono. Esse crédito pode ser negociado no mercado internacional.

A redução da emissão de outros gases que também contribuem para o efeito estufa, do mesmo modo, pode ser convertida em créditos de carbono, utilizando o conceito de carbono equivalente. A RCE não considera somente a redução das emissões de dióxido de carbono (CO_2), mas também das emissões dos outros gases de efeito estufa: metano (CH_4), óxido nitroso (N_2O), perfluorcarbonetos (PFC), hidrofluorcarbonetos (HFC) e hexafluoreto de enxofre (SF_6). Para o cálculo do carbono equivalente é necessário conhecer o poder destrutivo das moléculas de cada gás de efeito estufa. Esse conceito é conhecido como potencial de aquecimento global (*global warming potential* – GWP) e permite que se saiba quanto de efeito é gerado quando se emite a mesma quantidade de cada um dos gases.

Nessa primeira fase do Protocolo de Quioto, a preservação das florestas existentes ainda não é contemplada como fonte de crédito de carbono no mecanismo de desenvolvimento limpo. O acordo de Bonn, na Alemanha, em 2001, definiu regras para projetos florestais a serem desenvolvidos entre 2008 e 2012 – o primeiro período de compromisso estabelecido no Protocolo de Quioto – e não incluiu o conceito de crédito para desmatamento evitado. Os projetos devem limitar-se a plantio de árvores e reflorestamento. Isso implica que projetos voltados para a recuperação de florestas bastante ameaçadas, próximas da frente de desmatamento, podem render créditos de carbono, enquanto florestas em áreas remotas não recebem nenhum benefício se protegidas como reservas, apesar da proteção da biodiversidade.

A possibilidade de geração de créditos de carbono com o desmatamento evitado e o reflorestamento foi tema da Conferência das Partes nº 15 (COP-15), promovida em 2009 pela Organização das Nações Unidas (ONU), em Copenhague. As decisões ficaram aquém do interesse dos países com grandes áreas de florestas nativas, incluindo o Brasil.

Alguns países acreditam que esse financiamento poderá ser realizado no contexto do já existente mercado de créditos de carbono, enquanto outros propõem que seja feito com a criação de um fundo específico. O Brasil alinha-se com a segunda proposta.

Em dezembro de 2009 foi sancionada a Lei Federal nº 12.187, que instituiu a Política Nacional sobre Mudanças do Clima (PNMC). Essa lei visa à compatibilização do desenvolvimento econômico-social com a proteção do sistema climático por meio da redução das emissões de gases de efeito estufa em relação às suas diferentes fontes e incentiva a promoção e o desenvolvimento de pesquisas científico-tecnológicas. Mas também incentiva difusão de tecnologias, processos e práticas voltados para a mitigação das mudanças climáticas por meio de sumidouros de gases de efeito estufa. Conforme o art. 12 da lei, o Brasil adotará, como compromisso nacional, ações de mitigação das emissões de gases de efeito estufa, com o objetivo de reduzir entre 36,1% e 38,9% suas emissões projetadas até 2020, com base em números de 2005.

A PNMC prevê, entre muitas outras ações, a operacionalização do Mercado Brasileiro de Redução de Emissões (MBRE) em bolsas de valores e bolsas de mercadorias e futuros, negociando títulos mobiliários representativos de emissões de gases de efeito estufa que foram certificadamente evitadas.

REDUÇÃO VOLUNTÁRIA DE GASES DE EFEITO ESTUFA

Créditos por redução voluntária de emissão de gases de efeito estufa consistem em um mecanismo que permite a uma empresa valorizar no mercado voluntário a sua contribuição na redução de gases de efeito estufa. Essa contribuição pode alimentar um fundo que sirva para pagar os serviços ambientais.

O Protocolo de Quioto determina uma cota máxima de emissão de gases de efeito estufa pelos países desenvolvidos; os países que assinaram o tratado, por sua vez, criam leis para restringir suas emissões. As nações que não conseguem cumprir suas metas acabam comprando créditos de carbono de indústrias ou de outros países que ficaram abaixo da cota (ou seja, que foram além da meta de emissão, tendo então *excedente* de gases de efeito estufa para vender).

Mesmo com muitos membros da União Europeia fora do tratado, alguns países-membros estabeleceram outro acordo para tentar diminuir as emissões de carbono entre 2002 e 2007, além da meta estipulada pelo Protocolo, de 2008 a 2012. Alguns setores que não precisavam diminuir suas emissões de acordo com o Protocolo, ou empresas localizadas em países que não assinaram o acordo, tinham a alternativa de comercializar reduções de emissões nos mercados voluntários, criando-se um mercado de créditos por redução voluntária de emissão de gases de efeito estufa.

A Bolsa do Clima de Chicago (Chicago Climate Exchange – CCX) foi a primeira do mundo a negociar reduções certificadas de emissões de gases de efeito estufa no mercado voluntário, em 2003. É um sistema autorregulável constituído sob as leis norte-americanas. As empresas associadas à CCX comprometeram-se a diminuir em 4% as emissões de gases de efeito estufa até o ano de 2006, em relação aos níveis emitidos em 1998. A CCX prevê que as empresas que alcançarem a meta receberão créditos que podem ser negociados com outras empresas, diferentemente do Protocolo de Quioto, que prevê redução das emissões dos mesmos gases com base nas ocorridas no ano de 1990, sob pena de multa. Em 2005, a CCX lançou a Bolsa Europeia do Clima (European Climate Exchange – ECX), a operação de câmbio atualmente dominante no Mercado Europeu para Comércio de Emissões (European Union Emissions Trading Scheme – EU ETS).

Em novembro de 2009, o governo brasileiro anunciou que o Brasil se compromete voluntariamente a reduzir as emissões nacionais de gases causadores do efeito estufa de 36,1% a 38,9% até 2020 em relação ao que poluiria se nada fosse feito. Calculada a tendência de emissão de dióxido de carbono (CO_2) e outros similares na próxima década, o Brasil vai tentar contê-la, adotando ações para que o dano ambiental fique menor do que seria se o governo não reduzisse voluntariamente as emissões.

REPOSIÇÃO FLORESTAL

A demanda de madeira tem aumentado a pressão sobre florestas nativas, acelerando o desmatamento de áreas florestais. Sem critérios técnicos, várias espécies vegetais de grande valor estão em risco, contribuindo para o grande desmatamento de áreas florestais. Além das políticas de manejo sustentável das florestas brasileiras, baseadas na exploração racional dos recursos com impacto ambiental reduzido, a reposição florestal é uma forma de recuperação das áreas desmatadas, que podem ser manejadas posteriormente de forma sustentável.

A reposição florestal é um programa que visa garantir a sustentabilidade da matéria-prima florestal, principalmente para pequenos e médios consumidores que utilizam lenha, toras ou carvão como fonte de energia. É uma obrigação que se estende às pessoas físicas ou jurídicas que necessitam de matéria-prima florestal, em atividades da indústria madeireira e na indústria de celulose e papel; aos consumidores de lenha e carvão vegetal, como olarias, pizzarias e padarias; aos produtores e atacadistas de lenha e carvão vegetal; e aos que se dedicam às atividades da construção civil, entre outros.

O conceito de reposição florestal surgiu com os arts. 20 e 21 da Lei Federal nº 4.771, de 1965, posteriormente regulamentada pelo Decreto Federal nº 1.282, de 1994. Abrange o conjunto de ações desenvolvidas para estabelecer a continuidade do abastecimento de matéria-prima florestal aos diversos segmentos consumidores, por meio da obrigatoriedade da recomposição do volume explorado, mediante o plantio de espécies florestais exóticas ou nativas adequadas ao consumo. A reposição deve ser, no mínimo, equivalente à exploração, à supressão, à utilização, à transformação ou ao consumo. É exigida das pessoas físicas e jurídicas como forma de reparação dos danos causados ao meio ambiente ou como forma de compensar o uso dos recursos naturais no processo de licenciamento ambiental. É também uma forma de manter continuamente o estoque de matéria-prima florestal com o compromisso das empresas que consomem tais produtos. Os produtos que podem ser explorados incluem madeira, frutos, sementes, óleos, resinas, entre outros.

Os consumidores devem optar pelo plantio próprio ou recolhimento a uma Associação de Reposição Florestal; esta, por sua vez, converte o valor-árvore arrecadado em mudas e

MEIO AMBIENTE & BOTÂNICA

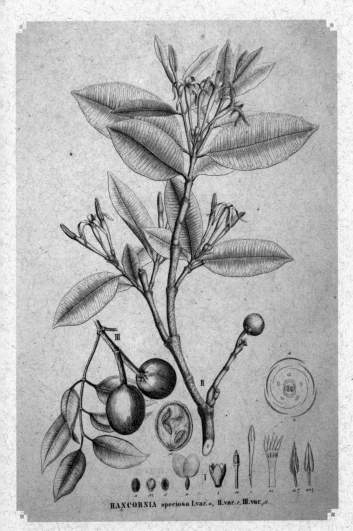

MANGABA (*Hancornia speciosa*).
Fonte: *Flora brasiliensis*, vol. VI, parte I, fasc. 26, prancha 8, 1860.

árvores e as doa para o produtor rural, com acompanhamento técnico adequado. Os proprietários rurais responsabilizam-se pela implantação e manutenção dos plantios por cinco anos, já que todo lucro obtido por ocasião da comercialização dos produtos originários dos reflorestamentos pertence ao produtor.

COMPENSAÇÃO AMBIENTAL

A compensação ambiental é um mecanismo para contrabalançar os impactos sofridos pelo meio ambiente, identificados no processo de licenciamento ambiental no momento da implantação de empreendimentos. Os recursos são destinados à implantação e regularização fundiária de unidades de conservação, sejam elas federais, estaduais ou municipais. O valor da área a ser utilizada e das benfeitorias a serem feitas para o fim previsto será proporcional ao dano ambiental a ressarcir e não poderá ser inferior a 0,5% dos custos totais previstos para a implantação dos empreendimentos. A compensação ambiental foi instituída pela Lei nº 9.985, de 18 de julho de 2000, que criou o Sistema Nacional de Unidades de Conservação (Snuc). É aplicada para empreendedores privados e públicos.

Não existe uma definição aplicável a todas as situações sobre o que seria um *impacto ambiental significativo*; cada caso deve ser verificado em Estudo Prévio de Impacto Ambiental (EIA). O Relatório de Impacto Ambiental (Rima) é um relatório que reflete todas as conclusões apresentadas no EIA e é utilizado na reparação dos danos ambientais causados pela destruição de florestas e outros ecossistemas, de acordo com a Resolução Conama nº 10, de 13 de dezembro de 1987. Deve ser elaborado de forma objetiva e compreensível, ilustrado por mapas, quadros, gráficos, enfim, por todos os recursos de comunicação visual necessários. Deve também respeitar o sigilo industrial, se este for solicitado, mas pode ser acessível ao público.

Um exemplo do processo de compensação ambiental foi a construção do Rodoanel – Trecho Sul, em São Paulo. Para a execução da obra foram removidos 212 hectares de vegetação nativa, compensados pelo plantio de 1.016 hectares com espécies florestais nativas. Foram desenvolvidas diversas técnicas de levantamentos florísticos complementares, resgate, destinação de plantas vivas e restauração de áreas degradadas (RAD), sob a supervisão do Desenvolvimento Rodoviário S. A. (Dersa) e do Instituto de Botânica de São Paulo, como forma de atenuar os danos ambientais proporcionados pela obra. Detalhes importantes como a diversidade e a qualidade das mudas, a indicação de mais de oitenta espécies recomendadas para determinada área de plantio, a utilização de uma chave para tomada de decisão sobre qual o melhor procedimento a ser adotado no reflorestamento, a implantação de um sistema de amostragens e avaliações para a fiscalização, e o monitoramento dos reflorestamentos compensatórios visando à garantia e à perpetuação da floresta implantada, além da melhoria da qualidade ambiental, são alguns exemplos. Essas ações ajudam a reduzir e, de certa forma, compensar os impactos de um empreendimento de tal porte, além de promover a ampliação de estudos e do conhecimento sobre florestas naturais e implantadas, a perpetuação do reflorestamento heterogêneo com espécies nativas e a incorporação por parte do empreendedor da cultura de conservação ambiental.

ISENÇÃO FISCAL PARA RPPN

As unidades de conservação no Brasil são áreas protegidas por lei, regulamentadas e fiscalizadas pelo Instituto Brasileiro do Meio Ambiente e dos Recursos Naturais Renováveis (Ibama). A Reserva Particular do Patrimônio Natural (RPPN) se diferencia das demais por tratar-se de uma propriedade particular que necessitou da manifestação expressa do proprietário para se tornar uma RPPN, mediante reconhecimento do poder público quanto à sua relevância em aspectos paisagísticos, biodiversidade ou, ainda, características ambientais que justifiquem ações de recuperação.

Já estavam previstas no Código Florestal de 1934 as chamadas *florestas protetoras*, áreas particulares que deveriam ser protegidas. Estas permaneciam de posse e domínio do proprietário e eram inalienáveis. Com o Código Florestal de 1965, essa categoria desapareceu, mas a lei manteve a possibilidade de preservação de áreas particulares. Em 1990, surgiu um decreto regulamentando esse tipo de iniciativa, substituído em 1996 pelo Decreto nº 1.922, que está em vigor. As Reservas Particulares do Patrimônio Natural são isentas do Imposto Territorial Rural (ITR). Além desse benefício, o dono da propriedade também tem prioridade na concessão de crédito rural e na análise de concessão de recursos do Fundo Nacional do Meio Ambiente (FNMA). Pode também pleitear financiamentos de organizações não governamentais, nacionais e internacionais, para desenvolver atividades de lazer, educação ou pesquisa, permitidas nessas unidades. Quem possui criadouros de animais silvestres em área declarada como RPPN é isento da apresentação do Documento de Recolhimento de Receitas (DR) para registro inicial e do recolhimento da taxa anual de renovação de registro. Pela lei, a RPPN é perpétua, ou seja, os compradores ou os herdeiros da propriedade não podem mudar o *status* da área. Assim, a reserva não poderá ser usada como parte da penhora para financiamentos em bancos estatais ou privados.

Como essas áreas têm por objetivo a proteção dos recursos ambientais representativos da região, há restrições de uso. As atividades que ali podem ser desenvolvidas devem ter cunho científico, como levantamentos de flora e de fauna, estudos sobre o meio ambiente, incluindo atividades de educação ambiental, culturais, educacionais, recreativas e de lazer. Algumas atividades econômicas podem ser desenvolvidas, tais como a apicultura, a piscicultura, o ecoturismo, a confecção de um viveiro de nativas e até a venda de produtos artesanais. Tais atividades deverão ser executadas sem colocar em risco a sobrevivência das populações de espécies ali existentes ou comprometer o equilíbrio ecológico da área, mas somente após autorização ou licenciamento pelo órgão responsável pelo reconhecimento da RPPN. Não é permitida nenhuma forma de extrativismo. A realização de obras de infraestrutura é permitida, desde que com a autorização e a fiscalização do órgão ambiental responsável.

SERVIDÃO FLORESTAL

A servidão florestal, estabelecida pela Medida Provisória nº 2.166-67, de 2001, que promoveu reformas no Código Florestal, tem grande importância no atendimento das necessidades de exploração de produtos florestais que o mercado impõe, além de contribuir para preservação e manutenção dos recursos florestais brasileiros. Permite que o proprietário rural voluntariamente renuncie, em caráter permanente ou temporário, a direitos de supressão ou exploração da vegetação nativa, localizada fora da reserva legal e da área com vegetação de preservação permanente. Permite ao proprietário destinar parte de um imóvel rural para a reserva legal de imóvel rural de terceiros. Entretanto, a servidão florestal somente poderá ser utilizada em casos de imóveis localizados na mesma microbacia hidrográfica e que pertençam ao mesmo ecossistema, como dispõe o Código Florestal no art. 44.

A mesma medida provisória instituiu no art. 44-B a cota de reserva florestal (CRF). Esse título representa a vegetação nativa sob regime de servidão florestal, de reserva particular do patrimônio natural ou reserva legal, e permite ao proprietário rural explorar economicamente a área de vegetação nativa excedente à área de reserva legal e de preservação permanente. O possuidor de uma propriedade com área de reserva legal (ARL) inferior à exigência legal (80% da área total da propriedade na Amazônia) pode recompensar, via mercado, outro possuidor de propriedade com ARL maior que a exigência legal. Isso possibilita que proprietários de imóveis rurais possam explorá-los economicamente, sem necessidade de remover a vegetação nativa.

PROAMBIENTE

O Programa de Desenvolvimento Socioambiental da Produção Familiar Rural (Proambiente) repassa um terço do salário-mínimo a agricultores e pecuaristas que adotarem práticas sustentáveis. Atualmente são onze polos localizados na Amazônia Legal envolvendo cerca de 4 mil famílias. O objetivo é promover o equilíbrio entre a conservação dos recursos naturais e a produção familiar rural, por meio da gestão ambiental territorial rural, do planejamento integrado das unidades produtivas e da prestação de serviços ambientais. A proposta de política pública do Proambiente foi desenvolvida pelos principais movimentos sociais rurais da Amazônia, em parceria com organizações não governamentais, e foi incorporada como política pública do governo federal a partir da incorporação das ações no Plano Plurianual de 2004 a 2007.

ICMS ECOLÓGICO

O ICMS ecológico repassa 5% do Imposto sobre a Circulação de Mercadorias e Serviços (ICMS) arrecadado por prefeituras municipais para projetos de preservação ambiental. Muitos desses projetos envolvem a produção de mudas de espécies nativas da flora local para recuperar com reflorestamento áreas que apresentem degradação avançada. Englobam também ações e trabalhos de educação ambiental com os produtores rurais. O ICMS ecológico foi idealizado como alternativa para estimular ações ambientais no âmbito das municipalidades, ao mesmo tempo que possibilita o incremento de suas receitas tributárias, com base em critérios de preservação ambiental e de melhoria da qualidade de vida. Afasta também o argumento há muito enraizado em administrações municipais – divulgado como justificativa para a aprovação de leis que atentam ao meio ambiente – de que o crescimento, a geração de empregos e o aumento das receitas dependem exclusivamente do incentivo a atividades potencialmente poluidoras.

Conforme o inciso II do art. 155 da Constituição Federal, é competência dos estados e do Distrito Federal instituir imposto sobre "operações relativas à circulação de mercadorias e sobre prestações de serviços de transporte interestadual e intermunicipal e de comunicação", o que, no caso do ICMS, é obrigatório. Portanto, cada estado da Federação tem competência legal, atribuída pela Constituição Federal, e deve instituir o ICMS em seus respectivos territórios. Esse é o motivo da eventual diferença de preços sobre produtos que ocorre de um estado para outro, diferença que acabará incidindo no percentual destinado ao ICMS ecológico.

IMPOSTO DE RENDA ECOLÓGICO

O Imposto de Renda (IR) ecológico é um projeto do grupo de trabalho Ação pelo IR Ecológico, criado em julho de 2005 e composto de diversas organizações ambientais, advogados e outros especialistas que discutem e analisam iniciativas que podem contribuir para a conservação e atrair recursos da iniciativa privada. Isso inclui a recuperação de áreas degradadas por meio da recuperação da vegetação e projetos de reflorestamento.

Ainda não aprovado, o projeto consiste em deduzir do IR até 80% das doações e até 60% de recursos destinados a patrocínios ambientais feitos por pessoas físicas, valor este limitado a 6% do imposto devido. Para as empresas ambientalmente responsáveis, as deduções poderiam chegar a 40% do valor das doações e 30% dos patrocínios, limitados a 4% do imposto. O projeto prevê também incentivos para doações ao Fundo Nacional do Meio Ambiente (FNMA), além de abrir a possibilidade de benefício para outros fundos públicos ambientais habilitados pelo governo federal para tal fim.

Aprovado por unanimidade pela Comissão de Meio Ambiente e Desenvolvimento Sustentável da Câmara dos Deputados, em julho de 2006, o Projeto de Lei nº 5.974, de 2005, que estabelece a criação do Imposto de Renda ecológico também já foi aprovado pela Comissão de Finanças e Tributação e pela Comissão de Constituição, Justiça e Cidadania. O projeto foi aprovado, no dia 29 de agosto de 2010, pela Comissão de Constituição, Justiça e Cidadania da Câmara dos Deputados. A proposta segue para votação na Câmara dos Deputados e deverá voltar ao Senado Federal, onde já foi previamente aprovada.

OUTRAS POSSIBILIDADES PARA A ECONOMIA AMBIENTAL

Como mencionado anteriormente, o sequestro de carbono neutraliza as emissões de carbono geradas por uma empresa, indústria, evento ou qualquer atividade que possa gerar gases de efeito estufa em sua realização. Essa neutralização é feita principalmente por meio de reflorestamentos – o carbono emitido por essas atividades é compensado pelo plantio de árvores que ajudam a retirar e imobilizar o carbono da atmosfera. Com a emissão anual de aproximadamente 7 bilhões de toneladas de CO_2 na atmosfera, essa atitude está se disseminando pelo mundo todo e ganhando apoio de grandes empresas e empreendimentos, por mostrar-se simples e eficaz. Assim, muitas empresas têm aderido a essa proposta, promovendo o sequestro de CO_2 pelo reflorestamento, por conta própria ou por meio de instituições como a SOS Mata Atlântica. Deve-se também considerar o *marketing* ambiental que representa iniciativa como a do sequestro de CO_2, melhorando a imagem institucional perante a sociedade, cada vez mais preocupada com os problemas ambientais. É cada vez mais comum a prática de pagamento, por parte de uma grande indústria que não consegue reduzir suas emissões de carbono na atmosfera, a produtores rurais para que possam plantar e manter árvores em projetos orientados por especialistas.

A biodiversidade pode ser protegida graças às comunidades que vão proteger e recuperar áreas para manter um corredor biológico entre áreas já preservadas. As comunidades poderão ser pagas por uma fundação, uma empresa ou uma organização não governamental. Empresas de turismo podem preservar a beleza cênica pagando para que uma comunidade local não realize caça em uma floresta usada para turismo de observação da vida silvestre. As bacias hidrográficas podem ser preservadas por empresas usuárias dessas águas, pagando para que donos de propriedades rio acima adotem usos da terra que limitem o desmatamento e preservem as matas ciliares, evitando assim a erosão e os riscos de enchentes.

O ENSINO BOTÂNICO E A EDUCAÇÃO AMBIENTAL

Não se pode falar de meio ambiente sem falar de plantas e, consequentemente, de botânica. Com os novos marcos estabelecidos no mundo e no Brasil para a educação ambiental, os conhecimentos botânicos passaram a ser ainda mais importantes. Atualmente são comuns a introdução de conceitos ambientais no currículo escolar desde os primeiros anos do ensino formal; os cursos de pós-graduação sobre biologia vegetal, biodiversidade e meio ambiente; a noção de que os recursos da natureza não são finitos; e o reconhecimento da importância que a vegetação – o *verde* – tem na vida do ser humano.

Há não muito tempo, porém, isso não era assim.

Educação ambiental não era um conceito bem definido até a metade do século XX. Muitas vezes era confundida com atividades que procuravam incutir nos alunos o interesse pela natureza, ou então com aulas de ecologia, outro conceito frequentemente mal compreendido até hoje. Atualmente, é possível enumerar várias definições que englobam diferentes aspectos e vieses.

Para a Unesco,

> a educação ambiental é um processo permanente no qual os indivíduos e a comunidade tomam consciência do seu meio ambiente e adquirem conhecimentos, habilidades, experiências, valores e a determinação que os tornam capazes de agir, individual ou coletivamente, na busca de soluções para os problemas ambientais, presentes e futuros (Unesco, 1988).

De acordo com o conceito de educação ambiental definido pela comissão interministerial na preparação da ECO-92,

> a educação ambiental se caracteriza por incorporar as dimensões socioeconômica, política, cultural e histórica, não podendo se basear em pautas rígidas e de aplicação universal, devendo considerar as condições e estágios de cada país, região e comunidade, sob uma perspectiva histórica. Assim sendo, a educação ambiental deve permitir a compreensão da natureza complexa do meio ambiente e interpretar a interdependência entre os diversos elementos que conformam o ambiente, com vistas a utilizar racionalmente os recursos do meio na satisfação material e espiritual da sociedade, no presente e no futuro (Cima/Secretaria do Meio Ambiente, 1991).

O Conselho Nacional de Meio Ambiente (Conama) define a educação ambiental como um processo de formação e informação orientado para o desenvolvimento da consciência crítica sobre as questões ambientais, e de atividades que levem à participação das comunidades na preservação do equilíbrio ambiental (Proposta de Resolução Conama nº 02/85 *apud* Antunes, 1999).

A Lei Federal nº 9.795 define a educação ambiental como

> os processos por meio dos quais o indivíduo e a coletividade constroem valores sociais, conhecimentos, habilidades, atitudes e competências voltadas para a conservação do meio ambiente, bem de uso comum do povo, essencial à sadia qualidade de vida e sua sustentabilidade.[4]

Muitas outras definições sobre educação ambiental poderiam ser apresentadas, mas todas têm algo em comum. A capacitação do indivíduo para exercer plenamente a sua cidadania é o ponto central do processo educacional a fim de que ele não apenas faça um uso sustentável dos recursos ambientais disponíveis, mas também se torne um multiplicador desses conhecimentos dentro da sua família, da escola, do trabalho, da comunidade e do círculo social. É evidente, porém, que são necessários os conhecimentos ecológicos e botânicos na formação dos administradores de conteúdos para que estes

---

[4] Disponível em http://www.planalto.gov.br/ccivil_03/Leis/L9795.htm. Acesso em 24-5-2011.

possam traduzi-los na linguagem do público-alvo e adaptá-los ao foco de interesse da comunidade.

O SURGIMENTO DA EDUCAÇÃO AMBIENTAL

O primeiro marco na história da educação ambiental foi a Conferência das Nações Unidas sobre Meio Ambiente e Desenvolvimento, realizada em Estocolmo em 1972. Nela ficou expressa a necessidade de um programa internacional para o desenvolvimento da educação ambiental. Ficou estabelecido que sua finalidade é formar uma população mundial consciente e preocupada com o ambiente e problemas a ele relacionados, e que possua o conhecimento, a capacidade, a atitude, a motivação e o compromisso para colaborar individual e coletivamente em prol da resolução de problemas atuais e da prevenção de problemas futuros.

Em resposta às recomendações da Conferência de Estocolmo, a Unesco promoveu em Belgrado, na ex-Iugoslávia, em 1975, um encontro internacional no qual foi criado o Programa Internacional de Educação Ambiental (International Environmental Education Programme – IEEP). Esse encontro estabeleceu que a educação ambiental deveria ser contínua, multidisciplinar, integrada às diferenças regionais e voltada para os interesses nacionais. A Carta de Belgrado, documento oficial do evento, trata das necessidades e anseios de todos os cidadãos do planeta. Propõe temas que tratam da erradicação das causas básicas da pobreza e que deveriam ser tratados em conjunto – a fome, o analfabetismo, a poluição, a dominação e a exploração. Nenhuma nação deveria se desenvolver à custa de outra nação, havendo necessidade de uma ética global.

A reforma dos processos e sistemas educacionais é tema central para essa nova ética de desenvolvimento. Os jovens devem receber um tipo de educação que estabeleça um novo e produtivo relacionamento entre estudantes e professores, escolas e comunidade, sistema educacional e sociedade. A proposta final é um programa mundial de educação ambiental. Uma recomendação do seminário foi a necessidade de convocação para uma conferência internacional sobre educação ambiental, especificamente dirigida aos políticos e planejadores educacionais.

Como consequência, foi organizada, em 1977, em Tbilisi, Geórgia (ex-URSS), a Conferência Internacional de Educação sobre o Meio Ambiente com a colaboração do Programa das Nações Unidas para o Meio Ambiente (Pnuma) em parceria com a Unesco – conferência que foi o grande marco mundial da educação ambiental. O principal objetivo foi a formulação de recomendações dirigidas aos Estados-membros participantes para lhes permitir adotar políticas nacionais individuais para a promoção da educação ambiental. Nela foram apresentados os primeiros trabalhos desenvolvidos em vários países dentro dessa temática, e suas recomendações constituem até hoje a principal fundamentação para os programas educacionais na área.

De acordo com a Declaração de Tbilisi, documento oficial da conferência, o objetivo fundamental da educação sobre o meio ambiente é levar as pessoas e as comunidades a entender a complexidade do ambiente, tanto natural como artificial – complexidade esta devida à interação de seus aspectos biológicos, físicos, sociais, econômicos e culturais. A educação deveria também conduzir aos conhecimentos, valores, atitudes e habilidades necessárias para participar de forma responsável e eficaz em prol da prevenção e solução de problemas ambientais e de gestão da qualidade ambiental.

Dez anos depois, em Moscou, Rússia, foi promovido pela Unesco o Congresso Internacional sobre Educação e Formação Relativas ao Meio Ambiente. O documento final, Estratégia Internacional de Ação em Matéria de Educação e Formação Ambiental para o Decênio de 90, trata da importância da formação de recursos humanos nas áreas formais e não formais da educação ambiental. Ressalta também a importância da inclusão da educação ambiental nos currículos escolares de todos os níveis.

Na ECO-92, realizada no Rio de Janeiro, foram avaliados os progressos na educação ambiental após duas décadas desde a Conferência de Estocolmo, e novas propostas foram reunidas na Agenda 21, o principal documento ali produzido. A Agenda 21 estabelece um programa de ação que traz propostas para um novo padrão de desenvolvimento ambiental, estruturada em quatro seções subdivididas num total de quarenta capítulos temáticos. No Capítulo 36, intitulado "Promover a conscientização, educação e educação pública", foram lançadas as bases para as ações em educação ambiental voltadas para o desenvolvimento sustentável.

Em 1997, foi realizada em Nova York, Estados Unidos, a XIX Sessão Especial da Assembleia Geral das Nações Unidas, também chamada de Rio+5. Com o objetivo de avaliar os cinco primeiros anos da implementação da Agenda 21, o encontro identificou as principais dificuldades relacionadas à implementação do documento, priorizou a ação para os anos seguintes e conferiu impulso político às negociações ambientais em curso.

Também em 1997 foi realizada em Tessalônica, na Grécia, a Conferência Internacional sobre Meio Ambiente e Sociedade, que teve como tema a educação e a consciência pública para a sustentabilidade. Cinco anos após a elaboração da Agenda 21, houve o reconhecimento de que o desenvolvimento da educação ambiental não estava ocorrendo de acordo com as metas propostas. Entretanto, a conferência foi beneficiada pelos numerosos encontros internacionais realizados anteriormente no Brasil, Cuba, Grécia, Índia, México e Tailândia. O Brasil apresentou o documento Declaração de Brasília para a Educação Ambiental, consolidado após a

I Conferência Nacional de Educação Ambiental (CNEA). Esse documento propõe que os planos de ação dessas várias conferências devem ser implementados pelos governos nacionais, organizações não governamentais, organizações internacionais, empresariado, sociedade civil e educadores.

Em 2002 – dez anos após a ECO-92 –, a ONU realizou em Johannesburgo, África do Sul, a Conferência das Nações Unidas sobre Meio Ambiente e Desenvolvimento, conhecida como Rio+10. Seus objetivos principais foram rever as metas propostas pela Agenda 21, fazer um balanço do que foi feito na área de educação ambiental desde a Conferência do Rio de Janeiro e preparar novas propostas. Essa reunião entrou para a história pela formação de blocos de países que quiseram defender exclusivamente seus interesses, sob a liderança dos Estados Unidos, e nenhum grande avanço foi conquistado.

EDUCAÇÃO AMBIENTAL NO BRASIL

Em 1973, foi criada a Secretaria Especial do Meio Ambiente (Sema), o primeiro organismo brasileiro voltado para a gestão do meio ambiente. Criado inicialmente como um órgão de controle de poluição, estabeleceu programas de preservação e pesquisa em estações ecológicas. Estabeleceu também, como parte de suas atribuições, a educação da população para o uso adequado dos recursos naturais, visando à conservação do meio ambiente. A Sema foi responsável pela capacitação de recursos humanos para as questões ambientais e iniciou projetos de educação ambiental voltados para a inserção dessa temática nos currículos escolares do ensino fundamental.

Em 1976, foram criados os cursos de pós-graduação em ecologia no Instituto Nacional de Pesquisas Aéreas (Inpa) em São José dos Campos (SP) e nas Universidades do Amazonas (AM), de Brasília (DF), de Campinas (SP) e de São Carlos (SP). Também nesse mesmo ano, o Ministério do Interior (Minter) e o Ministério de Educação e Cultura (MEC) firmaram o Protocolo de Intenções, elaborando uma série de ações conjuntas em educação ambiental.

Em 1981, foi publicada a Lei nº 6.938, de 1981, que dispunha sobre a Política Nacional do Meio Ambiente (PNMA). Por meio dessa lei, o governo federal estabeleceu a necessidade de inclusão da educação ambiental no ensino, em todos os níveis. O Parecer nº 819, de 1985, do MEC reforçou a necessidade da inclusão de conteúdos ecológicos ao longo do ensino fundamental, possibilitando a formação da consciência ecológica do indivíduo.

A integração entre as ações do Sistema Nacional de Meio Ambiente (Sisnama) e do sistema universitário teve início com os Seminários Nacionais sobre Universidade e Meio Ambiente, realizados entre 1986 e 1990. Esses seminários deram início à discussão sobre a educação ambiental nas universidades brasileiras.

A importância das questões ambientais e, consequentemente, da educação ambiental foi explicitada na Constituição Federal de 1988. O inciso VI do art. 225 estabeleceu a necessidade de promover a educação ambiental em todos os níveis de ensino e a conscientização.

Em 1991, foi assinada a Portaria nº 678 do MEC, durante o Encontro Nacional de Políticas e Metodologias para a Educação Ambiental, promovido pelo MEC e pela Sema, com apoio da Unesco. Tal portaria determinava que a educação escolar deveria contemplar a educação ambiental, em todos os diferentes níveis e modalidades de ensino, enfatizando a necessidade de investir na capacitação de professores.

Nesse mesmo ano foi criada a Divisão de Educação Ambiental do Instituto Brasileiro de Meio Ambiente e dos Recursos Naturais Renováveis (Ibama), institucionalizando a Política de Educação Ambiental no âmbito do Sisnama. Foi criado também o Grupo de Trabalho de Educação Ambiental do MEC, posteriormente transformado na Coordenação Geral de Educação Ambiental (Coea).

Durante a ECO-92, o MEC promoveu um *workshop* que resultou na Carta Brasileira para a Educação Ambiental, síntese das experiências e metodologias nacionais e internacionais em educação ambiental.

Em 1994, os ministérios da Educação, Meio Ambiente, Cultura, Ciências e Tecnologia criaram o Programa Nacional de Educação Ambiental (Pronea) com o objetivo de capacitar gestores e educadores, desenvolver ações educativas e metodologias. No ano seguinte foi criada a Câmara Técnica Temporária de Educação Ambiental no Conselho Nacional de Meio Ambiente (Conama), fundamental para o fortalecimento da educação ambiental no Brasil.

Os Parâmetros Curriculares Nacionais (PCN) foram criados pelo MEC em 1998, com a colaboração de especialistas, instituições e entidades diversas. Esses documentos – um referencial para as escolas – orientam a elaboração de currículos adequados às particularidades regionais do país e a inclusão de temas sociais. A questão ambiental é abordada a partir de um histórico que apresenta os modelos de desenvolvimento econômico e social vigentes nas sociedades modernas. Ressaltam-se a importância da educação ambiental, os conceitos básicos ligados ao tema e os objetivos gerais para o ensino fundamental. Sugere-se que conteúdos devem ser interligados e integrados a outras áreas curriculares, no contexto social e histórico em que as escolas estão inseridas.

O Sistema Brasileiro de Informações sobre Educação Ambiental (Sibea) foi implantado em 1999, integrando as informações sobre educação ambiental e servindo de referência para a construção dos programas estaduais de educação ambiental. Nesse mesmo ano foi homologada a Lei nº 9.795, que instituiu a Política Nacional de Educação Ambiental, regulamentada somente em junho de 2002, por meio do Decreto nº 4.281. Com essa lei, o Brasil passou a ser o único país na América Latina a elaborar uma política exclusiva de educação ambiental.

Em 2001, o Fundo Nacional de Meio Ambiente (FNMA) deu apoio à Rede Brasileira de Educação Ambiental (Rebea), buscando uma maior articulação entre os educadores ambientais. A Rebea havia sido lançada em 1992, no II Fórum Brasileiro de Educação Ambiental, evento no qual se adotou o Tratado de Educação Ambiental para Sociedades Sustentáveis e Responsabilidade Global como carta de princípios.

A consolidação da integração entre o setor educacional e o ambiental ocorreu no I Encontro Governamental Nacional sobre Políticas Públicas da Educação Ambiental, realizado em 2004. O encontro contou com a participação de dirigentes e técnicos das áreas de meio ambiente e de educação, de todas as esferas de governo.

AS PLANTAS E A EDUCAÇÃO AMBIENTAL

Existem dois problemas intrínsecos no ensino da botânica dentro do contexto da educação ambiental. Primeiro, o pouco interesse de estudantes e público em geral pela botânica. As plantas são estáticas, não produzem sons ativamente, não interagem diretamente com os seres. A maioria das pessoas afirma gostar de plantas, mas gosta daquelas que têm flores bonitas, ou possuem aromas marcantes, ou ainda daquelas outras com as quais tem uma relação afetuosa, nos seus vasos e jardins. Na natureza, a vegetação é quase sempre um cenário, uma moldura verde para a exibição dos animais, considerados muito mais interessantes pelo movimento e pelos sons que produzem. Segundo, tanto a educação fundamental quanto a divulgação científica – por meio da mídia impressa e eletrônica – frequentemente utilizam ecossistemas e plantas exóticas como exemplos, até mesmo pelo atrativo do exotismo. Uma floresta repleta de árvores exuberantes e floridas produz imagens muito mais bonitas do que uma área de capoeira, com seus troncos retorcidos e aspecto ressecado, embora ambas tenham a mesma importância do ponto de vista ecológico.

Atualmente, a educação ambiental está integrada às estratégias internacionais para a conservação da biodiversidade e o desenvolvimento sustentável. Para que sejam tomadas decisões mais adequadas em relação ao uso dos recursos naturais, é preciso que haja uma melhor compreensão dos sistemas ecológicos. Nesse contexto, os jardins botânicos desempenham um papel fundamental no desenvolvimento de tais estratégias e estão cada vez mais integrados ao movimento global para que a educação ambiental atinja a todos os cidadãos.

JARDINS BOTÂNICOS

Os jardins botânicos são instituições que visam à pesquisa, à conservação vegetal e à educação, e estão cada vez mais abertos ao público. Apesar de a educação ambiental ser uma disciplina relativamente nova, sua importância vem crescendo na mesma proporção em que aumenta a percepção do público quanto à gravidade da perda da biodiversidade.

Jardins botânicos mantêm coleções de plantas vivas de muitas latitudes e regiões, além de informações sobre o cultivo e a propagação de uma enorme variedade de espécies vegetais. Têm também instalações onde as pessoas encontram recreação e aprendizado com conforto e segurança. Isso coloca os jardins botânicos em uma posição estratégica para desenvolver programas de educação ambiental voltados para a conservação de ecossistemas e espécies.

Atualmente, de acordo com a Conservação Internacional de Jardins Botânicos (Botanic Gardens Conservation International – BGCI), existem cerca de 33 mil espécies de plantas ameaçadas de extinção, enquanto há mais de 2.500 jardins botânicos e arboretos no mundo, a maior parte em centros urbanos. Os arboretos, um tipo muito especial de jardim botânico, são áreas com plantas lenhosas que funcionam como um parque de recreação, com espécies de árvores e arbustos nativos e exóticos. Neles podem estar representados diferentes grupos geográficos ou grupos específicos de plantas. Estima-se que jardins botânicos e arboretos recebam 200 milhões de visitantes por ano. Nesse quadro, a educação ambiental assume papel estratégico na sensibilização e mobilização de um público amplo, tornando-o multiplicador dos esforços pela conservação da biodiversidade.

Jardins botânicos têm como função desenvolver projetos e atividades para educar o público visitante e promover uma mudança do comportamento e das atitudes diante das questões ambientais, visando à conservação dos recursos e à melhoria da qualidade de vida. O público visitante de um jardim botânico é uma pequena amostra da diversidade encontrada na população em geral, sendo composto de estudantes, pessoas de diferentes faixas etárias e níveis culturais diversos, profissionais provenientes de várias áreas e portadores de necessidades especiais. Para um grupo tão diversificado é necessária também uma programação variada.

O trabalho que os jardins botânicos desenvolvem para a manutenção de espécies em risco no seu ambiente natural é uma poderosa ferramenta para a conscientização dos cidadãos sobre a fragilidade do equilíbrio ambiental, as dificuldades e custos para a sua recuperação. As coleções de organismos vivos que essas instituições mantêm (coleções de plantas vivas, bancos de sementes, de pólen, de propágulos vegetativos, de culturas de tecidos ou de células) têm de ser geridas de acordo com padrões científicos rigorosos para maximizar o seu valor para fins de conservação. Esses materiais precisam estar devidamente identificados, documentados e gerenciados em um eficiente sistema de informações posto em prática. Todo esse material pode ser disponibilizado para diferentes públicos, contextualizado em visitas monitoradas.

Informação, fornecida por diferentes meios, é essencial. Jardins botânicos sem boas informações não passariam de áreas de lazer, agradáveis, mas sem preocupação educacional – seria o retorno aos jardins ornamentais da Renascença. Há várias maneiras de levar informações ao público de um jardim botânico. Monitores, placas, desenhos, cartazes, exposições, mapas, tudo isso é importante para informar o público e aumentar a conscientização sobre a importância das plantas. As visitas guiadas por monitores treinados para esse fim explicam o trabalho desenvolvido pelo jardim botânico, sua história, suas coleções de plantas e sua importância. Os monitores também podem introduzir conceitos por meio de jogos educativos concebidos em conjunto com profissionais da pedagogia, oficinas, teatro e eventos especiais. Nos programas de visitas podem ser incluídas projeções de vídeos sobre diversos temas de educação ambiental. Nesse contexto, alia-se a contemplação da paisagem à aquisição de conhecimentos sobre a importância dos recursos naturais de modo geral, as características estruturais e funcionais de uma vegetação em particular e o valor das mudanças de atitude que levem à participação efetiva de cada indivíduo na preservação do meio ambiente.

Os materiais impressos, tais como folhetos explicativos, livretos, fôlderes e pôsteres, são fundamentais para os visitantes conhecerem mais sobre as instalações físicas do jardim botânico, as plantas e as coleções temáticas. Esse material deve relacionar o tema ali exposto e as questões ambientais. Guias, folhetos e mapas que sugiram uma rota específica pelo jardim botânico também devem estar disponíveis. Nessas rotas, as etiquetas de identificação de plantas e coleções dão informações aos visitantes sobre as diferentes espécies vegetais, seu papel no meio ambiente e o trabalho desenvolvido pelo jardim botânico na sua preservação. As etiquetas devem ter formato-padrão e ser espalhadas pelos canteiros, picadas, trilhas, jardins e estufas, destacando plantas específicas e seus usos. Podem, ainda, trazer informações sobre *habitats*, problemas de conservação e usos econômicos, entre outras.

Exposições e museus são importantes para explicar conceitos biológicos e ambientais mais complexos, o que não seria possível num pequeno painel. Se o jardim botânico realiza pesquisa e trabalhos especiais em determinado campo, podem ser apresentadas coleções de materiais e exposições a respeito desse assunto. Geralmente essas coleções atraem pessoas que de outra forma não visitariam a um jardim botânico. É interessante que o material exposto esteja em sintonia com o que acontece no mundo e é refletido pela mídia, oferecendo material para que temas relevantes sejam aprofundados e sirvam de ponto de partida para novas discussões.

Os jardins botânicos precisam também facilitar o acesso de pessoas com deficiência. São necessários: rampas, placas explicativas na altura correta, fones individuais para visitas guiadas, projetos em que os visitantes possam tocar as plantas e sentir o seu aroma, panfletos e material educativo em braile, profissionais aptos para conduzir visitas e apresentar projetos em linguagem de sinais.

A contribuição dos jardins botânicos para a educação formal consiste no desenvolvimento de programas que auxiliem na formação continuada de professores de ensino fundamental e médio, levando à melhoria da qualidade do ensino na temática ambiental. As metas principais para os programas de treinamento de professores são:

1) mostrar para o educador o potencial educacional do jardim botânico;
2) transmitir o conhecimento, a capacidade e a confiança para desenvolver projetos educativos em jardins botânicos;
3) relacionar a conservação em jardins botânicos a outras áreas do programa escolar;
4) motivar estagiários da área de educação a incluir a educação ambiental em sua prática de ensino.

As funções educacionais dos jardins botânicos idealmente devem apoiar-se em bibliotecas educativas que possam fornecer informações sobre botânica, agricultura, ecologia, conservação, história natural, princípios e prática de ensino ao ar livre. As bibliotecas educativas podem dar assistência à equipe de instrutores, professores e outros usuários, fornecendo coleções de currículos, materiais audiovisuais, jogos para manuseio, ideias de projetos e até mesmo equipamentos que

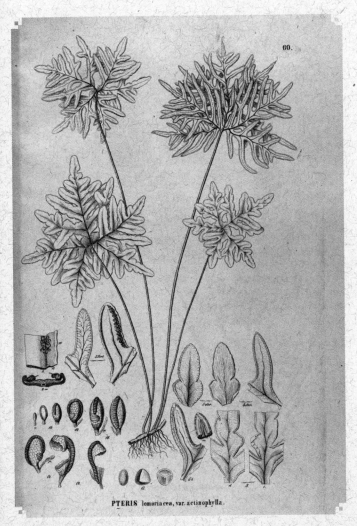

SAMAMBAIA (*Pteris lomariacea*).
Fonte: *Flora brasiliensis*, vol. I, parte II, fasc. 49, prancha 60, 1870.

possibilitarão que eles melhorem o ensino em sala de aula, além das publicações comuns.

UNIDADES DE CONSERVAÇÃO E PARQUES ESTADUAIS

Unidades de conservação (UCs) são espaços territoriais instituídos pelo poder público que têm por objetivo a preservação de ecossistemas naturais de grande relevância ecológica. Todavia, esses espaços não servem somente para a preservação dos recursos naturais. O Sistema Nacional de Unidades de Conservação (Snuc), instituído pela Lei nº 9.985, de 2000, define critérios e normas para a criação, implantação e gestão das UCs. Essa lei apresenta objetivos e diretrizes específicos, com ênfase nos processos de envolvimento e participação da sociedade na criação, implantação e gestão das UCs. Podem e devem, portanto, ser locais de aprendizado e sensibilização das pessoas acerca da problemática ambiental.

É importante lembrar que muitas unidades de conservação geraram sérios conflitos com a comunidade local quando foram implantadas. Muitas famílias foram afastadas dessas áreas naturais, mas permaneceram no seu entorno. Assim, a educação ambiental em unidades de conservação vai muito além da administração de conteúdos ecológicos e botânicos. É necessário construir um envolvimento da comunidade do entorno por meio de um processo educativo contínuo, de acordo com o seu perfil. Além da capacitação de monitores e professores, a comunidade deve ser engajada nas questões ambientais, desenvolvendo uma postura crítica na busca de soluções aos problemas ambientais.

Esse aprendizado se dá por intermédio da percepção ambiental pelos visitantes e da transmissão do conhecimento ecológico, somadas as atividades coordenadas por guias treinados que enfatizem aspectos econômicos, éticos, culturais e políticos. É possível trabalhar realizando-se palestras, exposições e visitas guiadas a trilhas interpretativas, buscando sempre o processo da construção do conhecimento ecológico e ambiental. A recreação não se confunde com a educação ambiental, mas pode ser um veículo para esta, tomando-se os devidos cuidados para minimizar os impactos ambientais, adequando-se as atividades, mantendo a fiscalização e controlando-se o número de visitantes.

Parques estaduais são áreas delimitadas, com atributos naturais excepcionais, preservadas de modo permanente e inalienável. O Código Florestal de 1965, estabelecido pela Lei Federal nº 4.771, já previa a utilização da flora e da fauna integralmente preservadas, aliadas às belezas naturais, para objetivos científicos, recreativos e também educacionais. Essas áreas podem funcionar como um escape da vida urbana, onde há espaço para a socialização e o lazer, prática de esportes, valorização do meio ambiente e aprendizagem de valores ambientais.

Passeios em trilhas ecológicas interpretativas são excelentes recursos para a educação ambiental e aguçamento da percepção do visitante para as plantas que não necessariamente são as mais belas, mas têm a sua importância no ecossistema. As trilhas normalmente apresentam percursos nos quais existem pontos determinados para interpretação com auxílio de placas, setas e outros indicadores. Pode-se também utilizar a interpretação espontânea, na qual monitores estimulam a curiosidade de crianças e adultos à medida que os eventos se sucedem. Há, ainda, a possibilidade de estender as visitas à comunidade em geral para a prática de ecoturismo.

ASSISTÊNCIA A COMUNIDADES AGRÍCOLAS

As instituições botânicas podem trabalhar em conjunto com agricultores, fazendeiros, silvicultores e horticultores a fim de desenvolver formas mais sustentáveis de cultivo da terra. As atividades voltadas para comunidades agrícolas têm como finalidade principal a orientação sobre sustentabilidade, técnicas agroflorestais, uso correto de agrotóxicos e suas aplicações, noções sobre interações das práticas agrícolas e o meio ambiente, respeito às práticas agrícolas tradicionais, mas com ideias inovadoras e de acordo com a legislação pertinente. Interagem como uma contribuição para a formação da consciência social e agroecológica da população dessas comunidades.

O processo de educação ambiental acontece por meio de palestras realizadas em escolas ou centros comunitários da região, atividades no campo – onde são demonstradas práticas e técnicas agrícolas de conservação do solo – e novas alternativas que se conciliem com as práticas agrícolas tradicionais da comunidade. Além dessas ações, promovem-se atividades educativas e oficinas de trabalho para as crianças, demonstrando que, se bem aproveitados e preservados, os recursos do meio ambiente só trazem benefícios para a comunidade.

CONSIDERAÇÕES FINAIS

A maioria das pessoas, particularmente aquelas que vivem em grandes centros urbanos, não tem consciência de que a biodiversidade é o bem mais importante de que a humanidade pode desfrutar na natureza. Nem sempre se percebe, também, que as plantas ocupam um lugar fundamental nessa biodiversidade. O seu papel como fonte de matérias-primas, alimentos e medicamentos é imensurável; sua função na manutenção do clima, na estabilização dos solos e junto às bacias hidrográficas, ainda que pouco conhecida pelo cidadão comum, é também essencial à vida no planeta. Isso tudo faz parte da enorme riqueza de serviços naturais que estão à disposição dos seres humanos.

Toda a humanidade desfruta dos benefícios gerados pelas plantas, mas poucos conhecem a extensão dos recursos que foram apropriados. Existem estimativas de que atualmente são usados cerca de 40% da produção fotossintética total em terra, e o Brasil detém grande parte dessa biodiversidade de organismos fotossintetizantes.

A diversidade dos ecossistemas e da vegetação neles contida é um fator-chave para a sobrevivência das pessoas. As modernas técnicas agrícolas levaram a uma dependência excessiva de algumas poucas espécies vegetais, quando comparadas a todas as existentes na natureza. Sem um grande reservatório natural de variabilidade genética, as fontes de abastecimento – alimentos, madeira e outros bens – ficam altamente vulneráveis a doenças e adversidades ambientais. As plantas geneticamente modificadas estão cada vez mais presentes no dia a dia das pessoas, mas aumentam as incertezas sobre os impactos ambientais que elas podem causar.

Soluções para muitos dos problemas ambientais são bem conhecidas, e bastaria ter vontade de aplicá-las. Isso exigiria um pensamento radicalmente diferente de como o ser humano se posiciona neste planeta como espécie. Ele também não entende, ou não quer entender, o caráter global das questões – o que acontece em um lugar muito em breve pode afetar outro local, por mais distante que possam estar. É preciso entender que individualmente os países têm um controle cada vez menor das questões ambientais e, por outro lado, as instituições mundiais ainda não têm o poder necessário para resolver muitas dessas questões. Os detentores de poder político e o setor produtivo também precisam mudar a maneira de pensar e agir, pois há uma batalha constante entre a vantagem em curto prazo e o interesse público em longo prazo.

Não é fácil alterar um sistema de valores que dá prioridade às forças do mercado, à exploração dos recursos e ao consumo ilimitado de recursos e bens. O crescimento econômico é uma obsessão de economistas e políticos que o veem como algo sempre em ascensão. A tudo se atribui um valor monetário, e atualmente está bem estabelecido um mercado ambiental que negocia sobre quanto cada empresa ou país pode poluir o ar respirado, derrubar árvores ou utilizar o solo e os mananciais.

Para mudar o modo como está agindo, o homem tem de adquirir novos valores. Alguns caminhos vêm sendo trilhados para alcançar esses fins, destacando-se as ações internacionais para mitigação das mudanças climáticas, ou a adaptação do ser humano a elas.

Desde a criação do Painel Intergovernamental sobre Mudança Climática (IPCC) pela Organização das Nações Unidas (ONU), em 1988, os problemas ambientais vêm sendo monitorados por cientistas de mais de uma centena de países. As diversas projeções do IPCC para os anos futuros apontam para grandes mudanças em vários aspectos da biosfera e nas condições climáticas. Um grande erro foi cometido em 1997, quando a conservação das florestas antigas e já estabelecidas foi omitida do mecanismo de desenvolvimento limpo no Protocolo de Quioto. Novas florestas foram incluídas, mas não era fácil dar valor e negociar as florestas antigas, e estas simplesmente foram deixadas de lado – apesar de serem responsáveis pelo armazenamento médio de 200 toneladas de carbono por hectare.

Passou a ser mais fácil e lucrativo replantar uma área degradada do que evitar a derrubada de uma floresta antiga e, consequentemente, a eliminação de toda a sua diversidade biológica. Atualmente, só no Brasil, cerca de 20 mil km² de florestas antigas são queimados a cada ano. Adicionar o *desmatamento evitado* ao mecanismo de desenvolvimento limpo deve agora ser uma prioridade – oportunidade que foi perdida na Conferência Climática de Copenhague, em 2009. Sua inclusão é considerada muito provável após 2012, prazo-limite para implantação das metas estabelecidas no Protocolo de Quioto e discussão de novos acordos.

A pressão sobre as florestas e a sua conversão em terrenos agrícolas é enorme. É preciso também avaliar o papel das pessoas que vivem dentro e ao redor das florestas. Isso significa ter a certeza de que estas serão recompensadas pelo seu trabalho na conservação ambiental, e que não se inclinarão à exploração em curto prazo, utilizando-se para isso um rigoroso sistema de leis e fiscalização. É preciso estimular o interesse das autoridades locais, dos latifundiários, das empresas e, acima de tudo, do cidadão comum, para ajudar a cuidar das unidades de conservação, parques e outras áreas protegidas. Este é um longo processo de persuasão, que deverá utilizar todos os meios econômicos, políticos e educacionais que estiverem disponíveis para atingir os seus objetivos.

No último relatório do IPCC, em 2007, foi reconhecido, com alto grau de confiabilidade científica, que as modificações climáticas são produzidas principalmente pela ação humana, e um alerta mais enfático foi encaminhado aos governos e à sociedade. As árvores e todas as outras variedades de vegetação dentro e fora das florestas fazem parte da interligação de todos os organismos vivos e do equilíbrio, ao mesmo tempo complexo e delicado, da Terra como um todo. Acabar com esse equilíbrio é um risco que se corre e somente os seres humanos podem eliminá-lo, fazendo as escolhas certas.

BIBLIOGRAFIA

ALENCAR, G. S. "Biopolítica, biodiplomacia e a convenção sobre diversidade biológica/1992: evolução e desafios para implementação". Em *Revista dos Tribunais*, São Paulo, nº 3, 1996.

ALMEIDA, F. "Rio + 10, a opção entre o suicídio e a sobrevivência". Em *O Estado de S. Paulo*, São Paulo, 27-8-2002. Caderno Geral.

ANDREWS, H. N. *Studies in Paleobotany*. Nova York: Wiley, 1961.

ANGIOSPERM PHYLOGENY GROUP. "An Update of the Angiosperm Phylogeny Group Classification for the Orders and Families of Flowering Plants: APG II". Em *Botanical Journal of the Linnean Society*, Londres, nº 141, 2003.

ANTUNES, P. de B. "Educação ambiental". Em *Direito*, 3 (6), Rio de Janeiro, jul./dez. 1999.

ARAÚJO, M. B. & RAHBEK, C. "How does Climate Change Affect Biodiversity?". Em *Science*, Washington, D.C., nº 313, 2006.

_____ & PEARSON, R. G. "Equilibrium of Species' Distributions with Climate". Em *Ecography*, Lund, nº 28, 2005.

ASTWOOD, J. D. & FUCHS, R. L. "Allergenicity of Foods Derived from Transgenic Plants". Em *Monographs in Allergy*, Basileia, nº 32, 1996.

BAILEY, I. W. & SINNOT, E. W. "The Climatic Distribution of Certain Types of Angiosperm Leaves". Em *American Journal of Botany*, nº 3, 1916.

BARBOSA, K. C. & FIDALGO, A. O. "A importância da interação animal: planta na recuperação de áreas degradadas". Em BARBOSA, L. M. *Manual para a recuperação de áreas degradadas em matas ciliares do estado de São Paulo*. São Paulo: Instituto de Botânica, 2006.

BARTHLOTT, W. *et al.* "Global Centres of Vascular Plant Diversity". Em *Nova Acta Leopoldina*, Halle, nº 92, 2005.

BAUM, J. A.; JOHNSON, T. B.; CARLTON, B. C. "Bacillus Thuringiensis. Natural and Recombinant Bioinsecticide Products". Em HALL, F. R. & MENN, J. J. (eds.). *Methods in Biotechnology. Pesticides: Use and Delivery*. Totowa: Humana, 1999, vol. 5.

BEGON, M. *et al. Ecologia de indivíduos a ecossistemas*. 4ª ed. Artmed: Porto Alegre, 2007.

_____. *Population Ecology*. 3ª ed. Oxford: Blackwell, 1996.

BRADSHAW, W. E. & HOLZAPFEL, C. M. "Evolutionary Response to Rapid Climate Change". Em *Science*, Washington, D.C., nº 312, 2006.

BRASIL. Ministério da Ciência e Tecnologia. *Ciência da mudança do clima*. Disponível em http://www.mct.gov.br/index.php/content/view/3883.html. Acesso em 31-8-2010.

_____. Ministério da Educação e do Desporto. Coordenação de Educação Ambiental. *A implantação da educação ambiental no Brasil*. Brasília: MEC, 1998.

BREMER, K. "Summary of Green Plant Phylogeny and Classification". Em *Cladistics*, Oxford, 1 (4), 1985.

BROOKS, D. R. & MCLENNAN, D. A. *Phylogeny, Ecology, and Behavior: a Research Program in Comparative Biology*. Chicago: University of Chicago Press, 1991.

BUERNI, D. *Fique por dentro da ecologia*. São Paulo: Cosac Naify, 2001.

BUSH, M. B. & OLIVEIRA, P. E. "The Rise and Fall of the Refugial Hypothesis of Amazonian Speciation: a Paleoecological Perspective". Em *Biota Neotropica*, Campinas, 6 (1), 2006.

CAVALIER-SMITH, T. "Only six Kingdoms of Life". Em *Proceedings of the Royal Society B*, Londres, nº 271, 2004.

CHANG, M. Y. *Sequestro florestal de carbono no Brasil: dimensões políticas, socioeconômicas e ecológicas*. São Paulo: Annablume/IEB, 2004.

CIMA/SECRETARIA DO MEIO AMBIENTE. *Subsídios técnicos para a elaboração do relatório nacional do Brasil para a Eco-92*. Brasília: Comissão Interministerial para a Preparação da Conferência das Nações Unidas, 1991.

CORNELL, J. *A alegria de aprender com a natureza*. São Paulo: Melhoramentos/Editora Senac São Paulo, 1997.

_____. *Brincar e aprender com a natureza: um guia sobre a natureza para pais e professores*. São Paulo: Melhoramentos/Editora Senac do Brasil, 1996.

CRACRAFT, J. & DONOGHUE, M. J. *Assembling the Tree of Life*. Nova York: Oxford University Press, 2004.

CRANE, P. R.; FRIIS, E. M.; PEDERSEN, K. "The Origin and Early Diversification of Angiosperms". Em *Nature*, Londres, nº 374, 1995.

CREPET, W. L. "The Abominable Mystery". Em *Science*, Washington, D.C., nº 282, 1998.

CRONQUIST, A. *An Integrated System of Classification of Flowering Plants*. Nova York: Columbia University Press, 1981.

CUNNINGHAM, S. D. P. *et al*. "Phytoremediation of Soils Contaminated with Organic Pollutants". Em *Advances in Agronomy*, Nova York, nº 5, 1996.

DAVIES, T. J. *et al*. Darwin's Abominable Mystery: Insights from a Supertree of the Angiosperms. Em *Proceedings of the National Academy of Sciences of the United States of America*, Washington, D.C., nº 101, 2004.

DONOGHUE, M. J. "A Phylogenetic Perspective on the Distribution of Plant Diversity". Em *Proceedings of the National Academy of Sciences of the United States of America*, Washington, D.C., nº 105, 2008.

ERDTMAN, G. *Pollen Morphology and Plant Taxonomy, Angiosperms*. Waltham: The Chronica Botanica; Estocolmo: Almquist Wiksell, 1952.

FAEGRI, K. *et al*. *Textbook of Pollen Analysis*. 4ª ed. Nova York: Wiley, 1989.

FELIPPE, G. & ZAIDAN, L. B. P. *Do Éden ao Éden: jardins botânicos e a aventura das plantas*. São Paulo: Editora Senac São Paulo, 2008.

FELSENSTEIN, J. *Inferring Phylogenies*. Sunderland: Sinauer Associates, 2003.

FIELD, R. *et al*. "Global Models for Predicting Woody Plant Richness from Climate: Development and Evaluation". Em *Ecology*, Washington, D.C., nº 86, 2005.

FISCHER, G. & SCHRATTENHOLZER, L. "Global Bioenergy Potencials Through 2050". Em *Biomass & Bioenergy*, Nova York, 20 (3), mar. 2001.

FOOD AND AGRICULTURE ORGANIZATION. *Global Forest Resources Assessment 2005. Progress Towards Sustainable Forest Management* (Roma: FAO, 2006).

FORMAN, L. & BRIDSON, D. M. (eds.). *The Herbarium Handbook*. Kew: Royal Botanic Gardens, 1992.

FOSTER, A. S. & GIFFORD, E. M. *Comparative Morphology of Vascular Plants*. 2ª ed. São Francisco: W. H. Freeman, 1974.

FRIIS, E. M.; PEDERSEN, K. R.; CRANE, P. R. "Reproductive Structure and Organization of Basal Angiosperms from the Early Cretaceous (Barremian or Aptian) of Western Portugal". Em *International Journal of Plant Sciences*, Chicago, nº 161, 2000.

FUNDAÇÃO ESTADUAL DE ENGENHARIA DO MEIO AMBIENTE. *Vocabulário básico do meio ambiente*. Rio de Janeiro: Serviço de Comunicação Social da Petrobras, 1990.

GANDOLFI, S. & RODRIGUES, R. R. "Restauração de matas ciliares: alguns aspectos ecológicos importantes que devem ser considerados na restauração de matas ciliares". Em: BARBOSA, L. M. & SANTOS JR., N. A. (orgs.). *A botânica no Brasil: pesquisa, ensino e políticas públicas ambientais*. São Paulo: Sociedade Botânica do Brasil, 2007.

GENTRY, A. H. "Patterns of Neotropical Plant Species Diversity". Em *Evolutionary Biology*, Nova York, nº 15, 1982.

GIFFORD, E. M. & FOSTER, A. S. *Morphology and Evolution of Vascular Plants*. 3ª ed. Nova York: W. H. Freeman, 1989.

GOLDEMBERG, J. "Johannesburg, vitória ou derrota?". Em *O Estado de S. Paulo*, São Paulo, 5-9-2002. Caderno Geral.

_____. *Energia, meio ambiente e desenvolvimento*. São Paulo: Edusp, 1998.

_____ et al. "Ethanol Learning Curve: the Brazilian Experience". Em *Biomass & Bioenergy*, Nova York, 26 (3), jun. 2005.

GOULD, S. J. *Ontogeny and Phylogeny*. Cambridge: Belknap Press of Harvard University, 1977.

HENNIG, W. *Phylogenetic Systematics*. Urbana: University of Illinois Press, 1966.

HILLIS, D. M.; MORITZ, C.; MABLE, B. (eds.). *Molecular Systematics*. 2ª ed. Sunderland: Sinauer, 1996.

HOLMGREN, P. K. et al. *Index Herbariorum. Part I: the Herbaria of the World*. 8ª ed. Nova York: New York Botanical Garden, 1990.

_____ & HOLMGREN, N. H. *Index Herbariorum*. Disponível em http://sciweb.nybg.org/science2/IndexHerbariorum.asp.

_____. *Plant Specialists Index: Index to Specialists in the Systematics of Plants and Fungi Based on Data from Index Herbariorum (Herbaria) (Regnum Vegetabile, 124)*. 8ª ed. Konigstein: Koeltz Scientific, 1992.

HOMMA, A. K. O. *Extrativismo, biodiversidade e biopirataria na Amazônia*. Brasília: Embrapa Informação Tecnológica, 2008.

HØYE, T. T. et al. "Rapid Advancement of Spring in the High Arctic". Em *Current Biology*, nº 17, 2007.

HUELSENBECK, J. P. & BOLLBACK, J. P. "Empirical and Hierarchical Bayesian Estimation of Ancestral States". Em *Systematic Biology*, nº 50, 2001.

IBAMA. *Manual de recuperação de áreas degradadas pela mineração: técnicas de revegetação*. Brasília: Ibama, 1996.

IDSO, S. B.; IDSO, C. D.; IDSO, K. E. *The Specter of Species Extinction: Will Global Warming Decimate Earth's Biosphere? Report from Center for the Study of Carbon Dioxide and Global Change*. Arizona: George C. Marshall Institute, 2003. Disponível em http://www.co2science.org. Acesso em 28-9-2010.

IPCC. *Climate Change 2001. Synthesis Report*. Cambridge: Cambridge University Press, 2001.

_____. *Climate Change 2007: Impacts, Adaptation and Vulnerability. Fourth Assessment Report*. Genebra: WHO, 2007.

_____. *Special Report on Emissions Scenarios (SRES)*. Cambridge: Cambridge University Press, 2000.

IUCN. International Union for Conservation of Nature and Natural Resources. *Red List*. 2008. Disponível em http://www.iucnredlist.org. Acesso em 30-9-2010.

JACK, T. "Relearning our ABCs: New Twists on an Old Model". Em *Trends in Plant Science*, Londres, nº 6, 2001.

KAGEYAMA, P. & GANDARA, F. B. "Revegetação de áreas ciliares". Em: RODRIGUES, R. R. & LEITÃO FILHO, H. F. (eds.). *Matas ciliares: estado atual do conhecimento*. Campinas: Editora da Unicamp, 2000.

KENRICK, P. & CRANE, P. R. *The Origin and Early Diversification of Land Plants: a Cladistic Study*. Washington, D.C.: Smithsonian Institution Press, 1997.

KITCHING, I. J. *Cladistics: the Theory and Practice of Parsimony Analysis*. 2ª ed. Oxford: Oxford University Press, 1998.

KREFT, H. & JETZ, W. "Global Patterns and Determinants of Vascular Plant Diversity". Em *Proceedings of the National Academy of Sciences of the United States of America*, Washington, D.C., nº 104, 2007.

KUMAR, S. & RZHETSKY, A. "Evolutionary Relationships of Eukaryotic Kingdoms". Em *Journal of Molecular Evolution*, Nova York, nº 42, 1996.

LAURANCE, W. F. *et al*. "Pervasive Alteration of Tree Communities in Undisturbed Amazonian Forests". Em *Nature*, Londres, nº 428, 2004.

LELLINGER, D. B. *A Field Manual of the Ferns and Fern-allies of the United States and Canada*. Washington, D.C.: Smithsonian Institution Press, 1985.

LEWINSOHN, T. M. & PRADO, P. I. *Biodiversidade brasileira: síntese do estado atual do conhecimento*. São Paulo: Contexto, 2002.

LI, W. *Molecular Evolution*. Sunderland: Sinauer Associates, 1997.

LINO, C. F. *Reserva da biosfera da Mata Atlântica: plano de ação*. Campinas: Consórcio Mata Atlântica/Unicamp, 1992.

LIU, Y. *et al*. "Development Time and Resistance to Bt Crops". Em *Nature*, vol. 400, 1999.

LORENZI, H. *Plantas daninhas do Brasil: terrestres, aquáticas, parasitas, tóxicas e medicinais*. Nova Odessa: Plantarum, 1982.

MAMEDE, M. C. H. *et al*. *Livro vermelho das espécies vegetais ameaçadas do estado de São Paulo*. São Paulo: Instituto de Botânica/Imprensa Oficial, 2007.

MARGALEF, R. *Ecologia*. 4ª ed. Barcelona: Planeta, 1986.

MCGRATH, S. P. "Phytoextraction for Soil Remediation". Em: BROOKS, R. R. (ed.). *Plants that Hyperaccumulate Heavy Metals*. Wallingford: CAB International, 1998.

MEAGHER, R. B. "Phytoremediation of Toxic Elemental and Organic Pollutants". Em *Current Opinion in Plant Biology*, Londres, 3 (2), 2000.

MENDELSOHN, M. *et al*. "Are Bt Crops Safe?". Em *Nature Biotechnology*, Nova York, 21 (9), 2003.

MILLENNIUM ECOSYSTEM ASSESSMENT. *Ecosystems and Human Well-being: Scenarios. Findings of the Scenarios Working Group*. Washington D.C.: Island Press, 2005.

MISHLER, B. D. *et al.* "Phylogenetic Relationships of the Green Algae and Bryophytes". Em *Annals of the Missouri Botanical Garden*, St. Louis, nº 81, 1994.

_____ & STEVEN, P. C. "Transition to a Land Flora: Phylogenetic Relationships of the Green Algae and Bryophytes". Em *Cladistics*, Oxford, 1 (4), 1985.

MÜLLER-DOMBOIS, D. & ELLENBERG, H. *Aims and Methods of Vegetation Ecology*. Nova York: Wiley, 1974.

NATIONAL ACADEMY OF SCIENCE. *Carbon Dioxide and Climate: a Scientific Assessment*. Report. Woods Hole, 1979.

NEI, M. & KUMAR, S. *Molecular Evolution and Phylogenetics*. Nova York: Oxford University Press, 2000.

PAGE, R. D. & HOLMES, E. C. *Molecular Evolution: a Phylogenetic Approach*. Oxford: Blackwell, 1998.

PARMESAN, C. "Ecological and Evolutionary Responses to Recent Climate Change". Em *Annual Review of Ecology, Evolution, and Systematics*, Palo Alto, nº 37, 2006.

_____ & YOHE, G. "A Globally Coherent Fingerprint of Climate Change Impacts Across Natural Systems". Em *Nature*, Londres, nº 421, 2003.

PHILIPPI JR., A. & PELICIONI, M. C. F. *Educação ambiental e sustentabilidade*. Barueri: Manole, 2005.

PIRES, A. "A energia além do petróleo". Em *Anuário Exame 2004-2005*, Infraestrutura, São Paulo, 2004.

POUTREL, J. M. & WASSERMAN, F. *Prise en compte de l'environnement dans les procédures d'aménagement*. Paris: Ministère de l'Environnement et du Cadre de Vie, Collection Recherche Environnement, nº 10, 1977.

PRANCE, G. T. "Discovering the Plant World". Em *Taxon*, Viena, nº 50, 2001.

PRYER, K. M. *et al.* "The Radiation of Vascular Plants". Em CRACRAFT, J. & DONOGHUE, M. J. (eds.). *Assembling the Tree of Life*. Londres: Oxford University Press, 2004.

PURVIS, A. & HECTOR, A. "Getting the Measure of Biodiversity". Em *Nature*, Londres, nº 45, 2002.

RADFORD, A. E. *et al. Vascular Plant Systematics*. Nova York: Harper & Row, 1974.

RAVEN, C. E. *John Ray, Naturalist: his Life and Works*. Cambridge: Cambridge University Press, 1950.

RAVEN, P. H.; EVERT, R. F.; EICHORN, S. E. *Biology of Plants*. 7ª ed. Nova York: W. H. Freeman, 2005.

RICHARDSON, K. *et al. Synthesis Report from "Climate Change: Global Risks, Challenges & Decisions"*. Copenhague, 2009. Disponível em http://climatecongress.ku.dk/pdf/synthesisreport. Acesso em 3-9-2010.

RICKLEFS, R. E. *A economia da natureza*. 5ª ed. Rio de Janeiro: Guanabara Koogan, 2003.

_____. *Ecology*. Nova York: W. H. Freeman, 1990.

RIDLEY, M. *Evolução*. 3ª ed. Porto Alegre: Artmed, 2006.

RODRIGUES, R. R. & BONONI, V. L. R. (orgs.). *Diretrizes para a conservação e restauração da biodiversidade no estado de São Paulo*. São Paulo: Secretaria do Meio Ambiente, Instituto de Botânica, 2008.

SA2000. *Systematics Agenda 2000: Charting the Biosphere*. Technical Report. Nova York: Systematics Agenda, 1994.

SALGADO LABOURIAU, M. L. *Contribuição à palinologia dos cerrados*. Rio de Janeiro: Academia Brasileira de Ciências, 1971.

SALIS, S. M.; SHEPHERD, G. J.; JOLY, C. A. "Floristic Comparison Between Mesophytic Forests of the Interior of the State of São Paulo, S.E., Brazil". Em *Vegetatio*, vol. 119, 1995.

SÃO PAULO (ESTADO). Secretaria do Meio Ambiente. *Cerrado: bases para conservação e uso sustentável das áreas de cerrado do estado de São Paulo*. São Paulo: SMA, 1997.

SCARANO, F. R. "Mudanças climáticas globais: até que ponto a ecologia como ciência pode ajudar na mitigação?". Em BUCKERIDGE, M. S. (org.). *A biologia e as mudanças climáticas*, vol. 1, São Carlos: Rima, 2008.

SCHNEIDER, H. *et al*. "Ferns Diversified in the Shadow of Angiosperms". Em *Nature*, Londres, nº 428, 2004.

SCHOLZE, M, *et al*. "A Climate-change Risk Analysis for World Ecosystems". Em *Proceedings of the National Academy of Sciences of the United States of America*, Washington, D.C., nº 103, 2006.

SEMPLE, C. & STEEL, M. A. *Phylogenetics*. Oxford: Oxford University Press, 2003.

SILVA, M. M. F.; CARVALHO, L. F.; BAUNGRATZ, J. F. A. *O herbário do Jardim Botânico do Rio de Janeiro: um expoente na história da flora brasileira*. Rio de Janeiro: JBRJ, 2001.

SIMPSON, B. B. & OGORZALY, M. C. *Economic Botany: Plants in our World*. Nova York: McGraw-Hill, 2001.

SIQUEIRA, M. F. & PETERSON, A. T. "Consequences of Global Climate Change for Geographic Distributions of Cerrado Tree Species". Em *Biota Neotropica*, Campinas, 3 (2), 2003.

SOGIN, M. L. "The Origin of Eukaryotes and Evolution into Major Kingdoms". Em BENGTSON, S. (ed.). *Early Life on Earth*. Nova York: Columbia University Press, 1994.

SPIRINCKX, C. & CEUTERICK, D. *Comparative Life-cycle Assessment of Diesel and Biodiesel*. Mol: Flemish Institute for Technological Research (Vito), 1996.

STEBBINS, G. L. *Flowering Plants: Evolution Above the Species Level*. Cambridge: Belknap Press of Harvard University, 1974.

STEWART, W. N. & ROTHWELL, G. W. *Paleobotany and the Evolution of Plants*. 2ª ed. Cambridge: Cambridge University Press, 1993.

STOTZKY, G. "Persistence and Biological Activity in Soil of the Insecticidal Proteins from Bacillus Thuringiensis, Especially from Transgenic Plants". Em *Plant and Soil*, Londres, vol. 266, 2004.

TAKHTAJAN, A. L. *Evolutionary Trends in Flowering Plants*. Nova York: Columbia University Press, 1991.

_____. *Floristic Regions of the World*. Londres: University of California Press, 1986.

THOMAS, C. D. *et al.* "Extinction Risk from Climate Change". Em *Nature*, Londres, nº 427, 2004.

TOWNSEND, C. R.; BEGON, M.; HARPER, E J. L. *Fundamentos em ecologia*. 2ª ed. Porto Alegre: Artmed, 2006.

_____ & HILDREW, A. G. "Species Traits in Relation to a Habitat Templet for River Systems". Em *Freshwater Biology*, Nova York, vol. 31, 1994.

TRAVERSE, A. *Paleopalynology*. Boston: Allen and Unwin, 1988.

TREWAVAS, A. "Much Food, Many Problems". Em *Nature*, nº 402, 1999.

UNCTAD. *Environmental Goods and Services in Trade and Sustainable Development*. TD/B/COM.1/EM.21/2. Genebra: UNCTAD, 2003.

UNESCO. *International Strategy for Action in the Field of Enviromental Education and Training for the 1990s*. Nairóbi/Paris, 1988.

VEIGA, J. E. (org.). *Transgênicos: sementes da discórdia*. São Paulo: Editora Senac São Paulo, 2007.

VEIT, B. *et al.* "Maize Oral Development: New Genes and Old Mutants". Em *The Plant Cell*, Rockville, nº 5, 1993.

WALTHER G. R. *et al.* "Ecological Responses to Recent Climate Change". Em *Nature*, Londres, nº 416, 2002.

WILEY, E. O. *et al. The Complet Cladist: a Primer of Phylogenetic Procedures*. University of Kansas Natural History Museum Special Publication, Lawrence, KS, nº 19, 1991. Disponível em http://citeseerx.ist.psu.edu/viewdoc/download?doi=10.1.1.77.2670&rep=rep1&type=pdf.

WILSON, E. O. (ed.); PETER, F. M. (ed. assoc.). *Biodiversity*. Washington, D.C.: National Academy Press, 1988.

WILSON, H. D. "A Global Map of Biodiversity". Em *Science*, Washington, D.C., nº 298, 2000.

YOON, H. S. *et al,* "The Single Ancient Origin of Chromist Plastids". Em *Proceedings of the National Academy of Sciences of the United States of America*, Washington, D.C., nº 99, 2002.

ZHUANG, M. & GILL, E. S. S. "Mode of Action of Bacillus Thuringiensis Toxins". Em VOSS, G. & RAMOS, G. (eds.). *Chemistry of Crop Protection, Progress and Prospects in Science and Regulation*. Weinheim: Wiley-VCH, 2003.

SOBRE O AUTOR

LUCIANO M. ESTEVES

Mestre e doutor em biologia vegetal pela Universidade Estadual de Campinas (Unicamp). Desenvolve temas relacionados à fisiologia da germinação de esporos de pteridófitas. Realizou o seu pós-doutorado na Escócia, na Universidade de Edimburgo e no Real Jardim Botânico de Edimburgo. É pesquisador científico do Instituto de Botânica de São Paulo, no Núcleo de Pesquisa em Palinologia. Publicou diversos artigos em periódicos científicos nacionais e estrangeiros e escreveu capítulos de obras coletivas. Atuou em funções de assessoria técnica e coordenações e atualmente é diretor do Centro de Plantas Vasculares do Instituto de Botânica de São Paulo.